科研事业单位职务科技成果转化实施、奖励与纳税实务研究

KEYAN SHIYE DANWEI ZHIWU KEJI CHENGGUO
ZHUANHUA SHISHI、JIANGLI YU NASHUI SHIWU YANJIU

贺潇颍　白桦　吴奎　肖军燕　王科○著

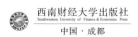

西南财经大学出版社
Southwestern University of Finance & Economics Press
中国·成都

图书在版编目(CIP)数据

科研事业单位职务科技成果转化实施、奖励与纳税实务研究/贺潇颖等
著.—成都:西南财经大学出版社,2024.6
ISBN 978-7-5504-6202-1

Ⅰ.①科… Ⅱ.①贺… Ⅲ.①科学研究组织机构—科技成果—成果
转化—研究—中国②科学研究组织机构—科技成果—奖励—研究—中国
③科学研究组织机构—纳税—税收管理—研究—中国 Ⅳ.①G322
②F812.423

中国国家版本馆 CIP 数据核字(2024)第 101248 号

科研事业单位职务科技成果转化实施、奖励与纳税实务研究
KEYAN SHIYE DANWEI ZHIWU KEJI CHENGGUO ZHUANHUA SHISHI JIANGLI YU NASHUI SHIWU YANJIU
贺潇颖　白桦　吴奎　肖军燕　王科　著

策划编辑:李晓嵩
责任编辑:李晓嵩
责任校对:王　琳
封面设计:何东琳设计工作室
责任印制:朱曼丽

出版发行	西南财经大学出版社(四川省成都市光华村街 55 号)
网　　址	http://cbs.swufe.edu.cn
电子邮件	bookcj@ swufe.edu.cn
邮政编码	610074
电　　话	028-87353785
照　　排	四川胜翔数码印务设计有限公司
印　　刷	四川煤田地质制图印务有限责任公司
成品尺寸	170 mm×240 mm
印　　张	17
字　　数	295 千字
版　　次	2024 年 6 月第 1 版
印　　次	2024 年 6 月第 1 次印刷
书　　号	ISBN 978-7-5504-6202-1
定　　价	88.00 元

前言

　　科研院所、高校等科研事业单位是国家科技创新体系的重要组成部分，在打造科技成果策源地、促进科技成果转化方面具有先天优势。同时，科研院所、高校尤其是国家设立的科研事业单位在合规、高效地实施职务科技成果转化过程中面临以下问题：

　　一是职务科技成果作为科研人员执行单位的工作任务，或者主要利用单位的物质技术条件所完成的科技成果，其归属权主要属于单位，因此职务科技成果转化需要遵循国家关于国有资产管理和科技成果转化的相关规定。只有制定科技成果转化配套制度、建立并完善科技成果转化内控机制、合埋选择定价模式、明确公示要求和审批流程等，才能够打消科技成果完成人和科技成果转化人关于科技成果转化后续价格变化、国有资产减损或奖励分配争议的顾虑，帮助他们真正做到尽职免责。

　　二是科研事业单位尤其是国家设立的科研院所，其主业是开展创造性的研究与试验活动，大多数科研人员是相关研究领域的专家，但对市场并不了解，研发形成的职务科技成果或者与市场脱节，不被市场接纳和认可；或者缺乏专业的科技成果转化指导，仅依靠内部管理部门对科技成果进行简单的登记、申报、统计，优秀的科技成果缺乏被发现和转化的渠道。

为此，我们在梳理科研事业单位职务科技成果转化系列政策和要求的基础上，结合职务科技成果转化实践中的重点难点问题及瓶颈节点问题，从职务科技成果转化的前期准备、转化方式、实施流程、收益分配和合规纳税等方面，全过程分析职务科技成果转化的影响因素、实施步骤和操作要点，为有效推进职务科技成果转化厘清政策边界、提供实际操作路径和方法。

本书写作分工如下：第一章由吴奎撰写，第二章由王科撰写，第三章和第五章由白桦撰写，第四章由肖军燕撰写，第六章和第七章由贺潇颖撰写，附录由贺潇颖、白桦、吴奎共同收集整理，全书由贺潇颖统稿。

在本书写作过程中，笔者参阅了大量文献资料、政策解读，在此谨向引文的各位原作者表示衷心感谢。由于笔者水平和学识有限，书中难免有疏漏之处，敬请专家和广大读者批评指正。

贺潇颖　白桦　吴奎　肖军燕　王科

2023 年 12 月

目录 _MULU_

1

科研事业单位科技成果转化
特点与概念辨析

在经济全球化和知识经济的大背景下，科学技术作为第一生产力，对提升国家的综合竞争力、建设创新型国家起着至关重要的作用。科技成果转化是科学技术转化为生产力的最主要的渠道，加速科技成果转化是促进市场经济、科学技术发展的需要。

在新一轮科技创新浪潮中，国家对科研院所的改革发展定位决定了大力推进科技创新、加快实施科技成果转移转化是科研事业单位的主业和使命。《中华人民共和国促进科技成果转化法》及一系列配套政策的出台与实施，清除了过去科技成果转化中的层层政策障碍，为最大限度调动科研工作者创新的积极性、最大程度给予科研单位自主权创造了良好的外部环境。

以科技成果为抓手，打通科技成果的价值转移转化渠道，以此体现科研工作者的智力劳动价值，激发科研创新创造活力，推动更多知识成果向现实生产力转化，实现单位自主科技创新与经济增长的双向互哺、良性发展，不仅是外部环境所"迫"，也是内部管理所"需"，更是新一轮国家战略中的重要发展机遇所"在"。

1.1 科研事业单位科技成果转化特点

1.1.1 科研事业单位是科技成果转化的重要主体

科技成果主要源于研发活动。2022 年，中国研发经费投入再创新高，投入强度达 2.54%，比 2021 年提高 0.11 个百分点，提升幅度为近十年来第二高。科学研究与试验发展（R&D）投入强度在世界上位列第 13 位，与经济合作与发展组织（OECD）国家的差距进一步缩小。企业、政府所属研究机构和高等院校是中国研发活动的三大主体。2022 年，三大主体研发经费分别为 23 878.6 亿元、3 814.4 亿元、2 412.4 亿元，分别比 2021 年增长 11%、2.6%、10.6%。

截至 2022 年 10 月底，我国有中央级科研院所 259 家、国家级科研院所 199 家，合计 458 家。截至 2023 年 6 月底，我国高等院校共计 3 072 所。这些科研机构、高等院校是构成科研事业单位的主体，同时也是开展科研活动、产生科技成果的重要主体。

2022 年 6 月 29 日，《中国科技成果转化 2021 年度报告（高等院校与科研院所篇）》（以下简称《报告》）显示，我国科技成果转化活动持续活跃，2020年，3 554 家高等院校与科研院所（以下简称"高校院所"）以转让、许可、作价和技术开发、咨询、服务方式转化科技成果的合同项数以及合同金额均有所增长，合同项数 46.68 万项，合同总金额 1 256.1 亿元。其中，转化科技成果超过 1 亿元的高校院所数量为 261 家。《报告》指出，高校院所以转让、许可和作价投资方式转化科技成果的合同金额分别为 69.8 亿元、67.8 亿元和65.0 亿元，均呈现明显增长，高校院所转化科技成果的平均合同金额为 96.6万元，其中作价投资平均合同金额最高。此外，奖励个人金额比例占成果转化现金和股权收入总额的比重超过 50%，奖励研发与转化主要贡献人员金额占奖励个人金额的比重超过 90%。值得关注的是，以转让、许可和作价投资方式转化科技成果流向聚集明显，超四成转化至制造业领域，超六成转化至中小微其他企业。

1.1.2 科研主业与科技成果转化目标的协同互补

《国务院办公厅关于印发实施〈中华人民共和国促进科技成果转化法〉若干规定的通知》（国发〔2016〕16 号）提出，国家设立的研究开发机构、高等院校应当建立技术转移工作体系和机制，完善科技成果转移转化的管理制度，明确科技成果转化各项工作的责任主体，建立健全科技成果转化重大事项领导班子集体决策制度，加强专业化科技成果转化队伍建设，优化科技成果转化流程，通过本单位负责技术转移工作的机构或者委托独立的科技成果机构开展技术转移。从总体上看，该规定明确了研究开发机构和高等院校在促进科技成果转化方面的法律义务，并鼓励研究开发机构和高等院校通过技术转移的方式开展科技成果转化。这是对研究开发机构和高等院校职能的重要规定。

但是，科技成果转化工作是否会对科研机构和高等院校的主责主业产生冲击和负面影响呢？事物发挥作用总是存在两面性的，利弊因素在不同条件下可以相互转化，关键在于对本质关系的把握。我们认为，聚焦主责主业与科技成果转化之间存在以下本质协调性：

一是行为表现一致性。聚焦主责主业与科技成果转化都是科技创新行为的表现，都急需体现知识价值的被尊重。科技成果转化是最看重知识价值和成果价值的，因为其运用了社会最为通用的衡量标准——经济价值，最为通用的检验标准——市场需要。科技成果转化成功，形成生产力创造经济价值，从某种意义上讲，应该是科技最终价值的体现。有了价值体现，价值贡献人就相应获得明确的鼓励和绝对的尊重，得到鼓励和尊重后产生良性循环。这种价值观的树立，对科研主战场上的科技创新应具有示范效应。

二是成果本源一致性。聚焦主责主业与科技成果转化对技术创新将带来辐射推进作用。科研机构与高等院校可供转移转化的科技成果，大多源于科研工作，虽然在产品属性上可能有所差异，但是技术同源性强，在基础方面是通用的。科技成果转移转化过程会推动技术进步，对科研工作具有非常大的辐射推进作用。科研工作在科技创新过程中也会不断产生更多更新的技术成果，可转移转化的科技成果也会更多。

三是能力驱动一致性。聚焦主责主业与科技成果转化对科技潜能发掘将带来双重挤压作用。不论是科研工作还是科技成果转化，都需要发掘科技潜能，这一点毋庸置疑。正因如此，聚焦主责主业与科技成果转化之间并不是完全对立地争夺资源而是共同挖掘资源。目前，科研院所和高等院校存在科研资源使用效率和效益不高、产出不足等问题，需要更多的挤压力量和应用空间，通过整合资源，以竞争状态而不是"壁垒状态"来实现双赢。

四是优选机制一致性。科技成果转化将为科研工作引入更加开放的竞争机制。当前，国际合作和竞争的局面正在发生深刻变化，国家的经济治理体系和规则正在面临重大调整。在新的形势下，传统的优势领域必将面临更高程度的开放和更激烈的竞争。科研事业单位利用科技成果转化的政策机制和发展方式，推动形成对外开放竞争的新格局，探索出一条适合单位竞争性领域发展的道路；通过与社会资源的双向互动，解决传统优势学科面临的技术、人才发展问题，降低研发成本和投入风险；通过将产品技术面向更广阔的市场去拓展应用领域，获得溢出效应，反哺主业发展。更重要的是，科研事业单位通过在科技成果转化中引入市场机制，探索更加开放灵活的资源、人才、技术发展机制，更好地促进单位观念转变、文化进步，在各个任务领域建立现代化的管理模式。

五是最终目的一致性。聚焦主责主业与科技成果转化的最终目的都在于释放科研活力，让创新真正成为发展驱动力。科研机构、高等院校在科技成果转化方面具有先天的优势，其主业就是研究开发，易于形成科技成果，有相对固定的研发团队，有相对稳定的研发经费，并有一定的积累。这种情况下，科研机构、高等院校应当抓住机遇，对符合国家及单位发展战略、有利于科研人才队伍建设、有明确市场前景需求、适量投入可获得科技效益及经济效益的项目，积极统筹资金投入，把科研活动真正做深、做实，释放科研活力，推动形成更多科技成果。这些根本目标实现了，"经济蛋糕"的做大水到渠成。在这个过程中，国家、单位和个人的综合价值实现最大化。

1.1.3 科技成果转化在科研事业单位落地仍面临的困境

2021年2月，《人力资源社会保障部 财政部 科技部〈关于事业单位科研人员职务科技成果转化现金奖励纳入绩效工资管理有关问题的通知〉》（人社部发〔2021〕14号）印发。该文件提出，职务科技成果转化后，科技成果完成单位按规定对完成、转化该项科技成果做出重要贡献人员给予的现金奖励，计入所在单位绩效工资总量，但不受核定的绩效工资总量限制等。2021年8月，《国务院办公厅关于改革完善中央财政科研经费管理的若干意见》（国办发〔2021〕32号）出台。该文件提出，加大科技成果转化激励力度，科技成果转化所获收益可按照法律规定，对职务科技成果完成人和为科技成果转化做出重要贡献的人员给予奖励和报酬，剩余部分留归项目承担单位用于科技研发与成果转化等相关工作，科技成果转化收益具体分配方式和比例在充分听取本单位科研人员意见基础上进行约定。

国家出台一系列制度，不断深化调整科技成果转化机制，进一步促进科研事业单位的科技成果转化工作，激励科研人员，为技术市场带来新活力。从科技部发布的中国科技成果转化2020年度、2021年度报告（高等院校与科研院所篇）的情况来看，科研事业单位在科技成果转化方面取得了不小的成绩和进步。

虽然人力资源和社会保障部、科技部、财政部等多次发文，从各个角度促进科技成果转化，但在科研事业单位中，由于科技成果转化工作牵涉人事、科研、财务、产业等多部门，因此在制度落地过程中，尤其是在科技成果转化起步阶段，仍有一些具体问题亟待解决，部分制度仍无法完全落地。

一是对市场调研不充分，未形成以市场需求为导向的转化体系。科研事业单位收入以财政拨款和科研课题经费为主，日常支出大部分为维持日常运转支出和科研经费支出，核算内容相对简单，但受制度约束较强。科技成果转化工作要以市场为导向，真正了解市场需求，被市场接纳，从而具有转化的可能性。但在实际工作中，科研人员大部分时间都在实验室，利用现有资源研发的成果多以科研为主要目的，成果主要表现为论文或专利形式，并且多集中在理论或知识层面。这类科技成果多与市场联系不紧密，极有可能造成市场和产品的脱节，研究出来的成果有可能取得科研上的进展，但不被市场接纳和认可。此外，科技成果转化还受到多方因素的影响，大部分科研单位都没有进行系统的市场和行业调研，没有形成以市场需求为导向的转化，导致科技成果的转化受到阻碍。

二是缺少科技成果转化人才队伍。随着国家对科研事业单位科技成果转化工作的重视，各事业单位已逐步成立专门的部门开展科技成果转化工作，如产业处、科技成果转化办公室等。财务部门也出台了相应的资金保障和财务核算制度，但尚有不足。目前，科研事业单位的科技成果转化工作多由专业的科研人员承担，这类科研人员可能是科研领域的领军人才，但缺少对市场的敏感度，没有多余的精力和专业能力对市场需求进行调研。此外，科技成果的转化制度和手续繁琐，转化工作也需要更专业的管理人才和团队来开展，转化过程中可能涉及多部门的配合。目前，大多数科研事业单位既缺少专门进行科技成果转化的科研人员，又缺少进行转化工作调研和管理的专业人员，大多数情况是由科研人员或财务部门负责，只能对科技成果进行简单的登记、申报、统计等工作，缺少对转化工作的事前绩效评估、行业分析，仅能做好统计工作但无法达到专业化管理的要求。此外，对制度和政策的研究与解读不够专业，造成科技成果转化的配套管理工作相对滞后。

三是缺少稳定的资金支持，绩效评价体系不健全。科研事业单位的资金来源一般为财政拨款或科研课题经费，大多没有专门用作科技成果转化的资金来源。目前，大多数科研事业单位将使用科研课题经费研发的科技成果进行转化，从资金管理上来说存在一定风险。此外，课题一旦结束，科技成果转化就失去了稳定的资金支持，直接影响科技成果转化的进程。由于没有稳定的资金支持，因此绩效评价也没有形成完整的体系。大多数科研事业单位在实际操作中只有单位内部制定的零星指标，并且多用于工作考核，没有专

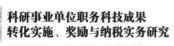

门针对科技成果转化工作进行绩效监控和评价。科技成果需要一定时间才能形成,并且需要反复调研和加工才有可能被市场接受。针对科技成果转化的这些特点,科研事业单位更需要专门、专业的绩效评价体系。

四是科研事业单位缺少明确的转化流程,缺乏激励性且操作办法不明确。科研事业单位大多根据《中华人民共和国促进科技成果转化法》制定本单位科技成果转化相关管理办法,但实际操作细则,比如技术市场认定手续、备案手续、税务管理等缺少明确的操作流程。科研事业单位的多数科技成果属于国有资产,受财政部、科技部、技术合同登记机构、税务机构等多部门管理,涉及单位内部公示、办理合同登记、税务备案等诸多手续。各主管单位各司其职,并没有一套完整的流程细则。在实际操作中,审批手续烦琐、审批条件苛刻、没有实际监管部门,延缓了科技成果进入市场的时间,同时不能有效激励科研人员进行科技成果转化的积极性。

1.1.4 科研事业单位科技成果转化问题的应对措施

针对这些科技成果转化的困境,科研事业单位可以采取有针对性的应对措施。

一是进行充分的市场调研,提高科技成果的可转化性,建立以市场需求为导向的转化机制。科研事业单位应建立科技成果转化和市场的对接机制,根据市场需求,将实验室里的科技成果进行"二次加工",经过市场反复调研等一系列机制的调整,最终再将科技成果推向市场。这就需要科研人员或专业团队走出实验室、走向市场,摆脱争取科研项目经费的固有思维模式,真正以市场为导向,建立新的管理模式和思考模式。在这个管理模式和思考模式中,相关人员既要考虑科学研究的实际发展现状,又要考虑行业需求、经济发展规律,摸索甚至预测行业和市场的未来发展方向。市场是残酷的又是充满机遇的,在科技成果转化领域,相关人员要迎合市场,能否抓住机遇、得到红利,就要看机制是否健全、有效,市场反应是否迅速。为了促进科技成果转化的效率,转化机制应考虑生产要素、需求条件、行业内竞争企业战略及现状等。科研事业单位的生产要素主要是人员等高级生产要素,如科研事业单位都有经过长期培养的高素质专业人才、完善的基础设施等。但是,部分专业领域可能分工较细,不一定能匹配专业人才,并且缺乏专业的管理人才。在需求条件方面，科研事业单位可以针对需求规模、需求层次进行调研，消费者需求层次越高越不容易被满足，但同时也可以接受较高的定价。行业内现有企业竞争越激烈，科技成果转化难度可能越大，但同时也会带来更多机遇。单一产业、单一企业可能无法顺利发展，科研事业单位可以从产业链等方面思考、分析竞争现状。科技成果转化受市场需求变动、市场经济规则等多方国家的影响和制约，科研事业单位多为财政支持单位，在市场上开展经济活动可能会受到诸多约束。为了建立完善的以市场需求为导向的科技成果转化机制，科研事业单位可以在单位的科研体系外，搭建科技成果转化平台，最后委托控股公司或第三方平台，代表转化主体开展市场调研或经济活动。科技成果孕育在实验室，通过控股公司或第三方平台进行孵化和"二次加工"，最后再推向市场。这个转化的过程也进一步推进了科研和产业的融合创新。

二是建立专业的转化人才和管理人才队伍。科研事业单位应培养、组织一支单位内部的支撑队伍，长期从事科技成果转化工作。这支队伍应涵盖科研、市场调研、产业分析、法律、税务政策、登记备案手续等方面的人才，专门为单位科技成果转化服务。同时，科研事业单位要定期对人员进行培训，培训内容涉及经济、法律、科研、产业政策等多个方面，及时更新前沿的相关产业政策，确保人才队伍对科技成果转化工作起到强有力的支撑作用。专业的科技成果转化管理人才可以针对处于不同阶段的科技成果制定单独的辅助和指导政策。科研事业单位可以通过搭建信息共享平台，打通信息壁垒，为科技成果寻找商业契机，充分利用数字化建设，整合单位内部科研资源，也可引入专业的外包公司，如律师事务所、会计师事务所等，甚至可让消费者参与，使这种创新模式更有效，使科技成果转化效率更高。在科技成果转化工作结束后，管理人员通过平台的数字化分析，选取一些重要指标，对单位整体的科技成果转化工作进行分析总结，如投入产出比、科技成果转化率及转化时效等。专业的管理人员可以从价值链等方面，对单位整体的科技成果转化工作进行评估和预测。例如，科研事业单位可以针对内部后勤、外部后勤、产出、基础设施建设、人事管理、技术开发等方面进行评价和管理，建立一套脱离于科研管理的独立体系，专门从事科技成果转化工作。

三是保证稳定的资金支持，建立科学有效的绩效评价体系。科研经费主要用于科研项目的研究，专款专用。在大多数科研事业单位中，科技成果转化工作还缺少持续、稳定的资金支持。科技成果转化工作具有周期长、结果不确定等特性，需要长期稳定的资金支持。资金链如果断裂，会影响科技成果转化工作的进程。如果单位资金有限，可以考虑引入社会资本。《国务院办公厅关于改革完善中央财政科研经费管理的若干意见》（国办发〔2021〕32号）提出："发挥财政经费的杠杆效应和导向作用，引导企业参与，发挥金融资金作用，吸引民间资本支持科技创新创业。优化科技创新类引导基金使用，推动更多具有重大价值的科技成果转化应用。"科技成果转化形成的收益也可以反哺财政经费、地方政府和科研事业单位。科研事业单位可以充分与地方政府、银行或企业等进行合作，搭建科技创新平台等，以产业战略发展为主题，在推动科技成果转化、形成稳定资金来源的同时，推动科研发展、科技创新，为合作方的发展带来新的契机，形成多赢的局面。地方政府、银行或企业，可以通过定向科研补贴、横向合作课题或捐赠仪器设备等形式，提供稳定的资金支持，而科研事业单位的科技成果在形成过程中，也可以培养一批高新技术人才及公司，成果转化收益可以直接带来利润分红。科研事业单位可以鼓励所属全资企业，结合深化国有企业改革的背景，建立健全科技成果转化的激励分配机制，充分利用股权出售、股权奖励、股票期权、项目收益分红、岗位分红等方式吸引和激励科技人员开展科技成果转化工作。科技成果转化可以充分发挥财政资金的杠杆作用。我国可以考虑成立基金会，通过事前绩效评估，将资金投入转化前景好的产业和单位，以此提高财政资金的使用效率，同时又给予在萌芽阶段的科学研究充足的资金支持。从长远角度看，这符合我国建设的科技强国战略。由于科技成果的特性，针对科技成果转化的绩效评价体系也需要具有一定的针对性。区别于科研项目的绩效评价体系，科技成果转化在完成时间及产出效果的评价上，需要有一定宽限。目前，财政项目的绩效评价体系分为成本指标、效益指标、产出指标和满意度指标，分别又包含经济成本指标、经济社会效益指标、数量质量指标和服务对象满意度指标等。这些指标并不能科学、全面地评价科技成果转化工作。例如，科研事业单位可以从价值链角度分解这些指标，切实将成本和效益指标分解到各个环节，落实部门责任，细化分类，增加分析类指标，如周转率等指标。

四是制定转化细则，提高人员奖励比例。科研事业单位应根据国家政策、相关规章制度，制定并及时调整本单位的科技成果转化政策。首先，科研事业单位应确定科技成果转化的范围，明确转化政策。其次，科研事业单位应提高分配比例。《人力资源社会保障部 财政部 科技部关于事业单位科研人员职务科技成果转化现金奖励纳入绩效工资管理有关问题的通知》（人社部发〔2021〕14号）提出："职务科技成果转化后，科技成果完成单位按规定对完成、转化该项科技成果作出重要贡献人员给予的现金奖励，计入所在单位绩效工资总量，但不受核定的绩效工资总量限制。"《国务院办公厅关于改革完善中央财政科研经费管理的若干意见》（国办发〔2021〕32号）提出："中央高校、科研院所、企业结合本单位发展阶段、类型定位、承担任务、人才结构、所在地区、现有绩效工资实际发放水平（主要依据上年度事业单位工资统计年报数据确定）、财务状况特别是财政科研项目可用于支出人员绩效的间接费用等实际情况，向主管部门申报动态调整绩效工资水平。"由于科技成果转化工作涉及面广，并且科技成果转化涉及国有资产管理，权属多归属于单位，因此转化工作往往需要管理部门和科研事业单位的协同配合，在分配方式和比例上也有很多需要考虑的实际问题。科研事业单位应在遵守国家规章制度的前提下，从科技成果转化收入中提取一定比例，作为科研事业单位的管理费用。以某科研事业单位为例，单位留存的科技成果转化收入提取一定的比例作为奖励基金，用于表彰单位内部对促进科技成果转化有贡献的管理人员。对那些未经技术市场认定的科技成果转化收入，在工资绩效总额调整前，科研事业单位可以暂时限制人员奖励的发放。

五是完善财务成本核算，规范合理定价方式。由于科技成果转化具有不确定性，因此科研事业单位在归集科技成果转化成本的时候有一定难度。科研事业单位的部分科技成果转化工作围绕横向科研课题申请科研经费，再进行下一步科学研究。有些科技成果转化周期较长，并且在转化过程中可能产生新的问题，甚至最后无法完成科技成果转化。这不仅需要科研经费的稳定支持，还需要科学合理的成本归集方法。成本可能包含研发过程中的实际成本，如人员经费、材料费、测试化验加工费、差旅费等，还有可能包含一部分机会成本、沉没成本。在账务核算方面，科研事业单位可以将横向课题纵向化管理，在预算调整上给予课题负责人一定自由度。根据《财政部关于印发〈政府会计准则制度解释第4号〉的通知》（财会〔2021〕33号）的规定，单位应当先通过"研发支出"科目归集自行研究开发项目的支出，借记"研发支出"科目，贷记"应付职工薪酬""库存物品""固定资产累计折旧"

"无形资产累计摊销"等科目。"研发支出"科目下归集的各项研发支出后续按《政府会计准则第4号——无形资产》的相关规定转入当期费用或无形资产。但是，何种情况应界定为无形资产仍有争议，虽然《政府会计准则制度解释第4号》中明确了应纳入无形资产管理的范围和条件，但仍有学者认为不能转化的专利权不能计入无形资产。科研事业单位可以根据实际情况，制定符合本单位实际的管理细则，对技术市场认定过的转化合同，扣除相应成本后，按标准发放的人员激励费可以单独列支，在合同转化的当年度发放给相关转化人员，并且不受绩效工资总额的限制；对未纳入技术市场认定的横向课题合同，为了激励人员开展科技成果转化工作，可以按一定比例提取为"预付账款"，在一定期限内作为人员绩效发放给相关人员，但金额需纳入绩效工资总额管理。《中华人民共和国促进科技成果转化法》第十八条规定："国家设立的研究开发机构、高等院校对其持有的科技成果，可以自主决定转让、许可或者作价投资，但应当通过协议定价、在技术交易市场挂牌交易、拍卖等方式确定价格。通过协议定价的，应当在本单位公示科技成果名称和拟交易价格。"市场因素复杂多变，一项科技成果转化的定价可能受到很多因素影响，各科研事业单位在规范、保护本单位利益的同时，也要遵守科研事业单位相关内控要求，可以通过集体决策、"三重一大"等内控制度，加强对成果定价过程的监督，确保定价合理、合规，符合经济规律。

六是开展事前绩效评估，提高科技成果转化质量。各科研事业单位可以根据实际情况，成立产业委员会或科技成果转化工作小组。课题组在进行科技成果转化前，先提交申请至产业委员会，产业委员会可以组成评估小组，邀请科研、产业、市场、财务等方面的专家，通过立项目的、立项背景、执行规划、预期效益、预期满意度等多方面，进行事前绩效评估。对预期效果不好的转化项目，评估小组可以提出建议或不予通过。前景良好的转化项目应进入立项环节，并定期予以绩效监控或自评。绩效监控既有对资金支出的监控，又有对绩效指标完成程度的监控。对偏离预期指标较大的项目，产业委员会应督促课题组及时查找原因。由于科技成果转化项目的不可预测性，如果调整绩效目标，课题组应及时提出申请并再进行绩效指标的评估。此外，科研事业单位应建立多元化的专家库和评估体系，除了科技成果转化的专业领域外，专家应涉及企业、法律、审计、财务、公司战略等多个领域，从研发阶段就开始保驾护航。目前，我国的科技成果转化工作还不够系统、完善，很多制度和政策还无法完全落地。但是，国家的一系列政策已经向市场和科研事业单位发出了信号，科技成果转化工作将成为重点，既活跃了市场，又可以有效提高科研工作者的薪酬水平。在这样的形势下，我们要积极寻找有效的途径和对策，抓住机遇，促进科研工作顺利开展。

1.2　科技成果与职务科技成果

科技成果是指通过科学研究与技术开发所产生的具有实用价值的成果。

职务科技成果是指执行研究开发机构、高等院校和企业等单位的工作任务，或者主要利用上述单位的物质技术条件所完成的科技成果。

两者的主要区别在于，科技成果的归属权可以属于单位，也可以属于个人；而职务科技成果的归属权主要属于单位。

1.3　知识产权、专有技术与无形资产

1.3.1　知识产权

根据《企业知识产权管理规范》（GB/T 29490-2013）的规定，知识产权是指在科学技术、文学艺术等领域中，发明者、创造者等对自己的创造性劳动成果依法享有的专有权，其范围包括专利、商标、著作权及相关权、集成电路布图设计、地理标志、植物新品种、商业秘密、传统知识、遗传资源以及民间文艺等。

在实际应用中，根据管理需要，知识产权的范围有着不同的限定。

例如，《国家知识产权战略纲要》《深入实施国家知识产权战略行动计划（2014—2020年）》《知识产权强国建设纲要（2021—2035年）》等从广义上界定了知识产权的范围，既包括出台了法律法规予以保护的著作权（《中华人民共和国著作权法》）、专利（《中华人民共和国专利法》）、商标（《中华人民共

和国商标法》)、植物新品种(《中华人民共和国植物新品种保护条例》)、集成电路布图设计(《集成电路布图设计保护条例》)等,也包括受法律保护的专有技术、经营信息等商业秘密(《关于禁止侵犯商业秘密行为的若干规定》)。部分行政规章所称知识产权则限定为受明确法律条款保护的专利权、集成电路布图设计专有权、计算机软件著作权、植物新品种权等(《知识产权对外转让有关工作办法(试行)》等)。

从具体形式来说,科技成果既包括取得知识产权保护的科技成果,如专利权、集成电路布图设计专有权、计算机软件著作权、植物新品种权等,也包括没有取得知识产权保护的科技成果,如专有技术。

1.3.2 专有技术

现有文献对专有技术的内涵表述并不完全一致。专有技术通常又被称为技术秘密、技术诀窍等。

关于专有技术较有影响力的定义是 1969 年保护工业产权国际联盟会议做出的,即专有技术是指有一定价值的、可以利用的、为有限范围专家知道的、未在任何地方公开过其完整形式和不作为工业产权取得任何形式保护的技术知识、经验、数据、方法,或者以上对象的组合。

在实践中,专有技术通常以设计图纸、资料、技术规范、工艺流程、材料配方、管理和销售技巧与经验等形式存在。

专有技术作为一种以保密为条件的事实上的独占权,与知识产权不同的是,知识产权"以公开换保护",而专有技术得以存续的前提是必须保密不予公开。因为受法律保护的强度远远弱于知识产权,所以专有技术主要依靠持有者能够保密多久来维持保护期和价值,其持有人不能对抗正当竞争,也不能阻止他人独立研究开发出不谋而合的技术。一旦该技术逸出,就不能够追回,而随着技术的公开,专有技术也就不再专有了。

从实践情况来看,专有技术作为一种无形的价值载体,其在转化和利用的过程中很难予以界定和保护,在进行市场交易时也往往具有很大风险,包括被侵权风险和侵权风险。近年来,国家大力推行知识产权管理,并在《中华人民共和国促进科技成果转化法》中明确提出:"加强知识产权管理,并将科技成果转化和知识产权创造、运用作为立项和验收的重要内容和依据。"

1.3.3　无形资产

《企业会计准则第 6 号——无形资产》对无形资产的定义为："企业拥有或控制的没有实物形态的可辨认的非货币性资产。"《事业单位财务规则》规定："无形资产是指不具有实物形态而能为使用者提供某种权利的资产，包括专利权、商标权、著作权、土地使用权、非专利技术、商誉以及其他财产权利。"《政府会计准则第 4 号——无形资产》规定："无形资产是指政府会计主体控制的没有实物形态的可辨认非货币性资产，如专利权、商标权、著作权、土地使用权、非专利技术等。"

根据这些定义可知，无形资产的基本特征如下：

（1）不具有实物形态。无形资产没有具体的物质实体，通常表现为某种权利、某项技术或某种获取超额利润的能力。

（2）预期会给单位带来经济利益。无形资产具有直接或间接使得现金和现金等价物流入单位的潜力。

（3）具有明显的排他性。无形资产的这种排他性有时通过单位自身的保密措施来维护（如非专利技术），有时通过适当公开其内容作为代价以取得法律的保护（如专利权、著作权等）。

就科研机构、高校而言，无形资产是极为重要的资产类型，对单位具有特殊价值，并且相对于有形资产而言更容易被忽视甚至流失。科研事业单位必须高度重视、依法保护并合理运用无形资产，对研发形成的科技成果，符合资本化条件的，应当按照成本进行初始计量并确认为无形资产。

1.3.4　知识产权、专有技术、无形资产的区别

知识产权、专有技术和无形资产同样具有无形性、财产性和排他性的特点，三者容易混淆。事实上，知识产权、专有技术和无形资产是不同领域的概念，三者既有联系又有区别。

（1）属性。知识产权、专有技术是相对于实物产权而言的产权存在的一种形式，属于法律范畴。无形资产是相对于有形资产而言的社会财产存在形式，属于经济范畴。知识产权的实质是一种法律权利，无形资产的实质是一种获利能力，这种实质的差异在技术的更新换代上体现得最为明显。旧的技

术在没有被新的技术替代且依然能够为企业带来经济收益的时候，既是一种无形资产，也是一种知识产权（或专有技术）。当这种技术被新的技术取代时，其超额获利能力降低，甚至不存在，此时已不具备资产价值，从某种特定角度定义已不是无形资产，但在法律有效期内依旧是一种知识产权，且继续受到法律的保护。

（2）内容。从知识产权、专有技术、无形资产涵盖的内容来看，三者既有重复也有差别，且无形资产所包含的内容更广泛。通常来说，无形资产涵盖了知识产权、非专利技术、企业商誉、土地使用权等内容，其范围要宽于以商标、专利、著作权为主体的知识产权和以技术秘密、诀窍等形式存在的专有技术。知识产权、专有技术属于无形资产的核心内容，当条件满足时，知识产权、专有技术都可以确认为无形资产。

（3）法律保护。知识产权的各项权利都受法律的保护，被法律规定了一定的有效期。例如，《中华人民共和国专利法》规定，发明专利权保护期限为20年，实用新型和外观设计专利保护期限均为10年，超过各自的法定期限，就不再被称为专利，也不再受法律的保护，从而成为公共财产。无形资产既包括受法律保护的专利权、著作权、商标权等知识产权，也包括不享有法律保护，但可以带来经济效益的各种技术秘密和诀窍。

科技成果转化为知识产权，以国家主管机关授权为依据，这是一种法律上的认可。科技成果在单位中成为无形资产，主要以取得经济效益为标准，这是一种市场上的认可。可以说，无形资产从单位内部资产属性上确认了所有者的权利，要使这种权利得到国家法律普适性的保护，应采取措施促使其申报确认为知识产权。知识产权为单位带来某种经济收益的可能性，要使这种预期收益的可能性变成产生收益的现实性，则要采取措施和创造条件确认其价值，促使知识产权转化为无形资产。

1.4　价值管理

科技成果的价值通常有三个层面的含义：一是为人类社会带来某种效用，满足人类某种需要的属性，即使用价值；二是体现在商品里的社会必要劳动，即《资本论》认为的凝结在商品中的无差别的人类劳动或抽象的人类劳动，即原始价值；三是通过交换产生的经济效益，即市场价值。

1.4.1 科技成果价值管理的演进

长期以来，我国一直给人以知识产权大国而非知识产权强国的印象，原因之一在于科技成果的价值实现效果并不理想，规模不小但效益不高、成果转化率较低。

改革开放以来，我国经济持续 40 多年的快速增长也得益于企业间的技术溢出。大量的中小制造企业由于规模、资金的限制，难以独立开展研发活动，只有通过向行业中的龙头企业实施技术模仿、知识学习等方式来优化自身的产品结构，获得创新红利。较长一段时间，我国更多是被动开展知识产权保护。

2008 年，国务院出台我国知识产权管理的纲领性文件——《国家知识产权战略纲要》，以完善知识产权制度、促进知识产权创造和运用、加强知识产权保护、防止知识产权滥用、培育知识产权文化为战略重点。

知识产权战略上升为国家战略后，我国知识产权发展进入了快车道，一系列相关政策密集出台。这些政策从知识产权创造、保护、运用、管理和服务等方面进行顶层设计和引导。其中，关于知识产权的运用和转化越来越频繁地被提及，知识成果的使用价值和市场价值作为可量化指标纳入发展目标。部分代表性政策如下：

2014 年 12 月，国务院办公厅转发《深入实施国家知识产权战略行动计划（2014—2020 年）》。该行动计划提出"建立健全知识产权价值分析标准和评估方法，完善会计准则及其相关资产管理制度""规范国防知识产权权利归属与利益分配""促进知识产权军民双向转化实施"。同时，该行动计划提出了与知识价值直接相关的指标，如 2020 年全国技术市场登记的技术合同交易总额达到 2 万亿元、知识产权质押融资年度金额达到 1 800 亿元、专有权利使用费和特许费出口收入达到 80 亿美元、知识产权服务业营业收入年均增长率达到 20% 等。

2016 年年底，国务院印发《"十三五"国家知识产权保护和运用规划》。这是知识产权规划首次列入国家重点专项规划，其中提出知识产权使用费出

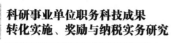

口额从 2015 年的 44.4 亿美元提高到 2020 年的 100 亿美元的发展目标。

2020 年 2 月,《教育部 国家知识产权局 科技部关于提升高等学校专利质量促进转化运用的若干意见》(教科技〔2020〕1 号)出台。该意见明确提出"树立高校专利等科技成果只有转化才能实现创新价值、不转化是最大损失的理念",强调科技成果的价值实现。

2021 年 9 月,中共中央、国务院印发《知识产权强国建设纲要(2021—2035 年)》,从知识产权强国角度为实现第二个百年奋斗目标作出了系统性谋划。该建设纲要提出,到 2025 年,"专利密集型产业增加值占 GDP 比重达到 13%,版权产业增加值占 GDP 比重达到 7.5%,知识产权使用费年进出口总额达到 3 500 亿元,每万人口高价值发明专利拥有量达到 12 件"的发展目标。该建设纲要强调,完善知识产权权益分配机制,健全以增加知识价值为导向的分配制度,促进知识产权价值实现。

可以说,自知识产权强国战略有关政策实施以来,价值管理正逐步被认可并上升至越来越重要的位置。

1.4.2　使用价值

使用价值(或基本价值)是科技成果的自然属性,是科技成果为人类社会带来某种效用,满足人类某种需要的属性。例如,科技成果作为生产要素可以使生产商品的有形物质成本下降(用知识替代物质资源),可以使单位时间内生产商品的数量增加,可以使现有商品的质量稳定性得到提高,可以使商品的外观更受欢迎,可以使现有商品的应用功能增加,可以创造过去完全不存在的商品,还可以作为生产要素用来生产新的科技成果。

科技成果的使用价值是其根本价值,是其价值的核心。科技成果有使用价值才能产生市场价值。使用价值最终体现为组织价值的增值(如经济效益的提高)或发展目标的更高效实现。

1.4.3　原始价值

科技成果的原始价值,是马克思劳动价值论中提出的"人类无差别的劳动的凝结",表现为科技成果在形成、产生过程中消耗的生产资料和人类劳动

（包括体力劳动和脑力劳动）。

从财务的角度看，原始价值是指科技成果形成的成本。为了准确核算科技成果的原始价值，会计上通常用"无形资产"来度量。

2016 年，财政部出台《政府会计准则第 4 号——无形资产》，就事业单位内部研发形成无形资产的成本归集做出明确规定，为科研机构、高校如何计量科技成果原始价值指明了方向。

1.4.4 市场价值

科技成果的市场价值又称为交换价值，是科技成果的社会属性，也是科技成果使用价值的衡量和体现。在市场经济条件下，越来越多的科技成果通过进入市场交换实现其经济价值。

科技成果的原始价值和市场价值都是能够以货币数量表征和衡量的经济价值。科技成果的市场价值大都通过资产评估或技术市场交易等方式确定。

2
科技成果转化的前期准备

科技成果转化前需要开展知识产权布局、权属确认、贡献确认、科技成果宣传推介等诸多准备工作，本章对相关准备工作及注意事项进行阐述、分析。

2.1　中美科技成果权属的政策演变及影响

科技成果转移转化的核心是对科技成果权属的确认，然后由市场和供需关系来决定成果的转化。产权制度对成果转化具有显著的影响，本章对中美科技成果权属的政策演变及影响进行简要分析。

2.1.1　美国科技成果权属的演变

二战后，美国成为世界经济和科技的中心，美国政府意识到原创性基础研究对支撑社会经济、科技进步至关重要。美国的总统咨询报告《科学：无止境的前沿》指出，基础研究能够为解决大量重要实际问题提供途径。一个依赖他国获得最新基础科学知识的国家，其工业进步定会缓慢，而且无论其制造能力如何，这个国家在世界贸易中的竞争力都会很弱。因此，二战后约30年时间美国政府提供给大学的研究经费占总研究经费的比例超过70%。20世纪60年代，这一比例更是提高到了80%以上。当时，美国科技创新的基本思路是，大学在政府的支持下进行基础研究和创新，科技成果的知识产权归美国政府，相关产业可以免费获取科技成果进行转化，市场竞争作为主要动力推动创新。

然而，20世纪70年代后期，美国军事上承受越南战争的挫败，经济上屡受石油危机的沉重打击，科技制造上面临被日本、德国赶超的压力。大学基础研究和创新未能保障美国的产业拥有领先世界的竞争力。因此，美国对科技创新体制进行了反思，发现大学虽然拥有政府巨额研究经费投入并聚集大量高水平科研人员，但转化为科技竞争力、现实生产力和成熟产品的研究成果却非常有限。一方面，因为大学绝大部分科研资助源于政府，受政府资助的科技成果归政府所有，所以大学并不能从成果转化中取得利益，缺乏开发商品化成果来进行成果转化的动力。另一方面，科技成果的公共产权属性（所有企业可以免费获取科技成果进行转化）使相关企业在进行科技成果转化时不能享有科技成果的独占权，投资风险较大，因此相关企业逐渐丧失了投资转化的积极性。

为了推动科技成果从实验室走向产业界，20世纪七八十年代的美国掀起了频繁的科技体制革命。美国政府逐步采取措施，将科技成果所有权赋予符合一定条件的高校。但不同资助机构的政策、标准迥异，管理部门的繁杂要求使大学疲于应付，给技术推广造成了很大困扰。1980年，美国国会通过了《专利和商标法修正案》，即著名的《拜杜法案》，规定政府资助研究产生的成果权利默认由大学保留，大学应积极进行成果推广转化；政府在大学不能将科技成果服务于市场的情况下有收回成果的权利；大学应与发明人分享成果转化的收益等。《拜杜法案》标志着美国的技术转移由个别机构的行为转为国家层面的行为。之后，美国持续探索打通基础研究与产业化的通道，出台了多部与技术转移相关的法律和法规，形成了较为完整的技术转移法律体系，支撑美国今天科技创新层出不穷的繁荣局面。

表 2-1 《拜杜法案》出台前后政策要求及效果对比

《拜杜法案》出台前		《拜杜法案》出台后	
政策要求	效果	政策要求	效果
政府资助的成果归美国政府所有	研究机构缺乏成果转化的积极性	政府资助的成果默认归研究机构所有	激发研究机构成果转化的积极性
所有企业可以免费转化科技成果	企业不能独占成果，投资风险大	鼓励产研合作技术转移和专利保护	企业参与创新，推动成果转化

《拜杜法案》被认为是美国在过去数十年内出台的颇具鼓舞性的法律，有力推动了政府支持的科技成果从实验室走进生活生产，将科技成果从"书架"摆上"货架"。根据美国大学技术经理人协会的统计数据，1980年美国只有30所大学积极开展技术转移，而到了2000年，已有超过200所大学加入了美国大学技术经理人协会。《拜杜法案》在世界范围也产生了较大的影响，欧洲、日本等先后借鉴了这一法案的核心思想。

中华人民共和国成立后，我国确立了生产资料的社会主义公有制和以行政指令计划组织经济活动，强调科学研究的集体性和计划性，科技成果与其他生产资料一样归全民所有。党和政府十分重视科学技术在社会主义建设事业中的重要作用。1958 年，时任科学规划委员会主任聂荣臻在中华全国自然科学专门学会联合会、中华全国科学技术普及协会全国代表人会的讲话中指出："任何发明创造和研究成果都是全民的财产，必须得到充分的利用，也只有在我们社会主义制度下才有可能得到充分的利用。"

科学技术发展成绩显著，但科技成果的转化和利用滞后。科技成果在创新主体之间的流动缺乏交易、激励机制，而主要依赖于行政指令。

为了高效利用科技创新成果，推动经济发展，我国在科技成果的权属改革上进行了多次探索。

改革的第一步是建立了有偿使用制度。1981 年 9 月印发的《财政部、国家科委关于有偿转让技术财务处理问题的规定》首次以专门性法规文件规范科技成果有偿转让。1982 年 1 月印发的《机械工业部关于实行有领导的技术转让暂行办法》等管理办法根据科技成果的资金来源，对有偿转让做出明确规定："各单位凡用自筹资金和贷款发展或引进国外新技术，（指有关产品设计资料、图纸、专用工艺）除本办法第三条所规定的内容外，向其它单位转让，应当是有偿的。"1985 年 1 月，国务院印发《国务院关于技术转让的暂行规定》，明确规定科技成果是商品，可以转让、流通，并提出应从技术转让净收入中提取 5%~10%作为对科研人员的奖励。这标志着对科研人员的科技成果创造和转化贡献的认可。

20 世纪 90 年代后，经过多次改革探索，科技成果权属由国家所有转变为合同约定，继而转变为项目承担单位所有。1994 年 7 月印发的《国家高技术研究发展计划知识产权管理办法》规定，"执行八六三计划项目"，由国家科委相关部门与项目承担单位合同约定有关知识产权的归属和分享方法。2000 年 8 月《中华人民共和国专利法》进行了第二次修正，规定全民所有制单位的属于职务发明创造的专利从"单位持有"转为"单位是专利权人"。2002 年 3 月出台的《关于国家科研计划项目研究成果知识产权管理的若干规定》（国办发〔2002〕30 号）和 2003 年 5 月出台的《关于加强国家科技计划知识产权管理工作的规定》（国科发政字〔2003〕94 号），再次明确了除涉及国家安全、国家利益和重大社会公共利益的项目外，政府资助研究中的项目承担单位对其研究成果享有知识产权。科技成果归项目承担单位所有后，项目承担单位可以依法自主决定实施、许可他人实施、转让、作价入股等，并取得相应的收益。2008 年，财政部出台《中央级事业单位国有资产处置管理暂行办法》（财教〔2008〕495 号），规定中央级事业单位国有资产处置收入按照政府非税收入管理和财政国库收缴管理的规定上缴中央国库，实行"收支两条线"管理。从严格意义上讲，属于中央级事业单位的科研机构、高校等的知识产权转让需按照上述要求进行管理，履行相应的资产处置审批手续，且相关收入应上缴国库。

2010 年以后，为了进一步简化成果转化审批流程，激发创新活力，国家开展了科技成果处置权和收益权改革。2011 年，财政部组织在中关村国家自主创新示范区开展试点改革，出台《财政部关于在中关村国家自主创新示范区开展中央级事业单位科技成果收益权管理改革试点的意见》（财教〔2011〕127 号）。其在处置权方面的主要措施如下：一次性处置单位价值或批量价值在 800 万元以下的国有资产，审批程序由主管部门审批变为由所在单位按照有关规定自主进行处置。其在收益权方面的主要措施如下：将科技成果转化产生的收益应上缴中央国库的资金，调整为分段按比例留归单位和上缴中央国库，调整后 90%以上的应缴收入可以自行留存。2015 年修订的《促进科技成果转化法》，从法律层面将成果的处置权和收益权下放至高校、科研机构等创新主体，并明确规定相关单位可以自主决定科技成果的转让、许可或作价投资，无需再经过有关部门的审批。2019 年修订的《事业单位国有资产管理暂行办法》进一步明确国家设立的研究开发机构、高等院校实施科技成果转化无需再经过审批或备案，且转化成果所获得的收入全部留归本单位。处置权和收益权的下放有效激发了成果转化活力，推动了科技成果转化。

为了深入释放科技创新活力，支撑国家经济蓬勃发展，2015 年以后，国家逐步开展了赋予科研人员科技成果所有权的改革。

西南交大率先将科技成果的部分权属用于科研人员奖励，将国有职务发明成果转变为科研人员（私）和高校（公）"混合所有"。2015 年，四川省印发《中共四川省委关于全面创新改革驱动转型发展的决定》，明确科研人员与所属单位是职务科技成果权属的共同所有人，开展地方性改革试点工作。

2016 年 11 月，中共中央办公厅、国务院办公厅印发《关于实行以增加知识价值为导向分配政策的若干意见》，对接受企业、其他社会组织委托的横向委托项目，允许探索赋予科研人员科技成果所有权或长期使用权。2020 年 5 月，科技部等九部门联合印发《赋予科研人员职务科技成果所有权或长期使用权试点实施方案》，选择 40 家高等院校和科研机构开展试点，将职务科技成果"混合所有"权属改革上升至国家层面。2021 年 9 月，中共中央、国务院印发《知识产权强国建设纲要（2021—2035 年)》，提出"改革国有知识产权归属和权益分配机制，扩大科研机构和高校知识产权处置自主权"。2022 年 1 月 1 日实施的《中华人民共和国科学技术进步法》第三十三条规定，"探索赋予科学技术人员职务科技成果所有权或者长期使用权制度"，将赋权改革政策纳入法律之中，职务科技成果赋权改革进入实质化推进阶段。

综上所述，我国科技成果所有权的变革经历了全民所有、单位所有、部分赋予科研人员的阶段。处置权和收益权也经历了报批上交和单位自主决定、收益留归单位所有的变化。可以看出，为加快实施创新驱动发展战略，激发科研单位、科研人员的创新积极性，在确保国有资产安全可控的基础上，针对科技成果转化面临的主要问题，国家正逐步进行改革，持续探索推进科技与市场的融合。

需要注意的是，虽然我国进行了多次改革，但是整体上对科技成果转化的重视度仍然不够，科研人员仍然更多地关注论文发表、科研评奖等研发活动，科技与经济仍然存在"两张皮"的问题，将科技创新有效转化为现实生产力和国家竞争力仍然是一大难题。可以预见的是，虽然我国科技成果转化仍然存在不同层面的问题，但是针对这些问题，科技成果转化的政策改革将持续优化和完善。

2.1.3　职务科技成果权属改革

当前，我国职务科技成果权属改革的核心是在科技成果转化之前赋予科研人员职务科技成果所有权或长期使用权，由单位与科研人员共同拥有职务科技成果，或者科研人员享有长期使用职务科技成果的权利。

提前赋予科研人员成果权属，能消除后期转化收益分享的不确定性，提升科研人员参与、推进成果转化的积极性。在权属改革前，单位在完成成果转化后，将科技成果转化收益以奖励的方式分配给科研人员，奖励总额度、参与人员奖励分配比例也多在完成转化后确定，科研人员可获取的转化收益面临诸多的不确定性。通过权属改革，单位在实施科技成果转化前将部分知识产权奖励给科研人员，单位与科研人员混合享有科技成果所有权；实现成果转化后，科研人员可以依据产权直接获得成果转化收益，不再依赖单位的再次分配。

案例 2-1： 某研究所 A 团队完成了科技成果研发，在实施成果转化前，该研究所将成果权属的 60% 用于奖励 A 团队，由 A 团队和研究所共同拥有知识产权。该科技成果评估 2 000 万元，作价成立公司，获得价值 1 200 万元的股权和 800 万元的现金收益，股权归科研人员所有，现金收益归研究所所有。一方面，科研人员获取股权，将公司发展与科研人员深度绑定，有效激励科研人员参与成果的后续研发、维护，推动科技成果走向市场；另一方面，研究所直接获得现金收益，可以降低后期持有股权带来的一系列管理成本和避免企业发展不确定可能导致收益无法兑现的问题。

目前，虽然国家和地方均出台法律法规、相关政策，明确鼓励、支持开展职务科技成果权属改革，但多为宏观层面的指导条款，对赋权方式、赋权流程、赋权范围等具体规则未予以明确，实践中的做法不一。

根据相关文献总结分析，在赋权方式上，对既有专利，现行的试点方案普遍通过单位分割确权的方式将部分权属转让给发明人。对新申请专利，部分单位与发明人约定共同申请专利，部分单位根据实际情况确定方案。对执行本单位任务完成的科技成果归本单位所有，本单位根据单位内部规定或者与发明人的约定转让为共有。对主要利用本单位物质技术条件形成的科技成果，本单位根据单位内部规定或者与发明人的约定确定归属。

在实践中，一旦成果所有权在初始阶段先由科研机构、高校等单位享有，再由科研机构或高校让渡给科研团队，单位在赋权过程中出于国有资产流失的顾虑，会设置严格且复杂的赋权程序以确保"程序正义"，这可能导致降低成果转化效率。例如，部分高校规定需先由发明人提出赋权申请，之后再经过单位多部门、多流程的审批，才能实施赋权。这种方式延长了职务发明成果实施转化的时间，降低了转化效率，未能有效实现赋权改革的初衷。

2.2 知识产权布局

科技成果本身是科研项目中关键技术攻关的结果，有其具体的表现形式，如样机、样品、论文、专利、工艺文件等，成果转化应用依托其载体的流转实现。按照载体属性划分，科技成果可以划分为有形资产，如样机、样品、样件等；无形资产，即广义的知识产权，包括专利、计算机软件著作权、技术秘密（包含技术资料、工艺文件、测试数据等）等。

尽管在实际应用中我们更加关注承载技术指标的有形产品，但在成果转化的过程中，传递价值、保护科技成果所有方和承接方利益的是无形的知识产权。科技成果转化实施之前必须完善知识产权布局，推行"市场未动，专利先行"策略，利用知识产权保护自身利益，限制竞争对手。

案例2-2：S大学B老师因担心"无氯氟聚氨酯发泡剂"技术秘密泄露，十几年没发表一篇相关论文，不敢申请专利，推介时不敢轻易涉及技术细节，导致成果迟迟无法转化。最终，在国务院协调下，由国家知识产权局专门针对该成果成立了知识产权服务团队，高效完成了四件国内核心发明专利和一项国际专利的主体撰写，该技术获得了最大程度的专利保护，并迅速以5.2亿元高价成功实现转化。科研人员应理解专利保护的本质是"以公开换取保护"，一项成果真正通过专利进行保护，并非获得了专利授权，而是获得授权的专利具有保护充分性、不可规避性和侵权可判断性等特征，即属于一项"高质量专利"。

高质量的知识产权布局应当是经过布局的知识产权集合，围绕某特定技术形成彼此联系、互相配套的专利网，使成果所有方和承接方可以最大限度享有知识产权带来的独占权利。

知识产权布局模式多种多样，目前公认的经典的专利布局模式有六种，其他模式多为这六种模式的进一步演化。

2.2.1　阻绝与规避式专利布局

特定的阻绝与规避设计是指研发进行到哪里，就把专利布局到哪里的布局模式。这种方式是不少单位的首选，因为不需要做专利、技术和市场的分析。但是，这种布局也存在明显的缺点，因为它属于"平铺直叙"，并不针对特定的部分进行"深耕补强"，看似单位已经将其拥有的技术或产品都进行了专利布局，可仍给竞争对手留下了不少空间，对手可以轻而易举地抄袭本单位辛勤研发获得的成果。

2.2.2　策略式专利布局

策略式专利布局是指找出所研发的技术或产品领域中最必要、最避无可避的关键部位，有计划地布置策略式专利，让竞争对手的研发路径完全无法绕开的布局模式（见图 2-1）。策略式专利是一个有着较强阻绝功效的专利，竞争对手无法规避。策略式专利布局又被称为"阻塞策略"。

图 2-1　策略式专利布局

2.2.3　地毯式专利布局

地毯式专利布局就是将所有可能的专利都申请下来，系统化地在每个步骤中布局系列专利，形成"专利雷区"，使竞争对手难以介入的布局模式（见图 2-2）。地毯式专利布局需要有充足的资金和强大的研发能力，支撑在多个技术方向上的全面布局，专利的实际效果具有不确定性。地毯式专利布局适用于难以找到绝佳的策略式专利的情形，比如在不确定性高的新兴技术领域，多个研发方向均能产出成果，专利的重要性尚不明朗。

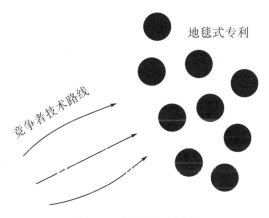

图 2-2　地毯式专利布局

2.2.4　围篱式专利布局

围篱式专利布局是指运用系列专利对竞争者的研发形成阻碍的布局模式（见图 2-3）。例如，一项与药物有关的发明可以将其成分组成、分子设计、治疗方案等都申请专利保护，从而形成一道围墙，让竞争对手避无可避、无法跨越。当多种技术方案均可以实现类似功能的时候，布局者就需要考虑采用围篱式专利布局。围篱式专利布局又被称为"隔离策略"。

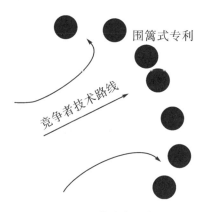

图 2-3　围篱式专利布局

2.2.5　包围式专利布局

包围式专利布局是指利用系列专利包围核心专利的布局模式（见图2-4）。在竞争对手掌握核心专利的情况下，布局者通过系列专利阻碍竞争对手通过核心专利获取商业利益，并作为相互授权的筹码；在自身拥有核心专利的情况下，布局者应提前通过系列专利包围，从而保护核心专利，防止竞争对手取得该核心专利。

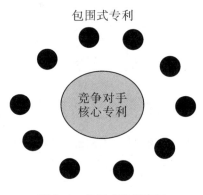

图2-4　包围式专利布局

2.2.6　组合式专利布局

组合式专利布局是指一方面是努力挖掘策略式专利，让竞争对手无可避让；另一方面围绕自身拥有的重要专利进行包围设计，并提高规避壁垒。组合式专利布局实际上是策略式专利布局、围篱式专利布局与包围式专利布局三种布局模式的混合运用模式。

2.3　科技成果转化贡献度确认

科技成果研发、转化的过程往往涉及人员众多，如何准确地界定参与人员贡献度是科技成果转化实践中的一大难题。

成果知本券是操作性强、有参考价值的成果确权方法。成果知本券由航天科工二院206所成果转化总师孙磊提出，获得了2019年全国企业管理现代化创新成果，2021年入选国资委管理标杆项目（见图2-5）。

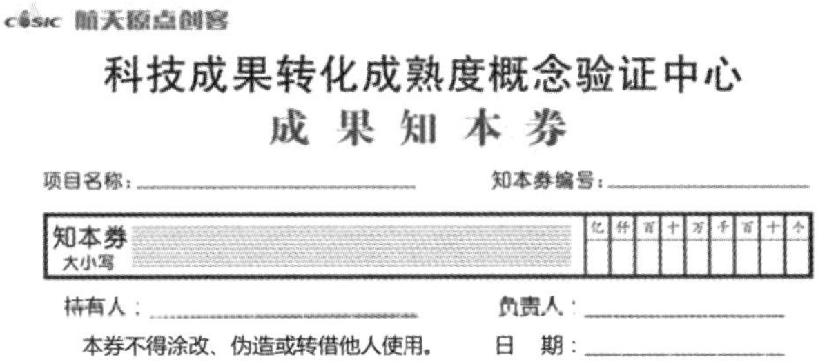
CASIC 航天原点创客

科技成果转化成熟度概念验证中心

成果知本券

项目名称：________　知本券编号：________

知本券 大小写		亿	仟	百	十	万	千	百	十	个

持有人：________　负责人：________

本券不得涂改、伪造或转借他人使用。　日　期：________

图2-5　成果知本券

成果知本券是一种科技成果权属的内部凭证，通过对职务科技成果贡献度进行量化确权，将科技人员智力成果量化为知本券，作为成果转化收益在团队内部分配的依据。基于成果知本券已经形成的一套体系性的确权操作规则如下：

第一，分阶段分配额度。团队成员根据创造性、工作量和重要性确定不同产品阶段（原理样机、工程产品、商业化）的知本券额度。

第二，量化发放并公示。每期由项目负责人根据项目完成情况和贡献度确定本期额度（如突出贡献者3万份，核心成员1万份，重要成员2 000~5 000份），由团队全体成员签字确认并公示后发放。

第三，动态发放。从项目立项至获取奖（酬）金期间，团队成员做出贡献即可发放知本券。

第四，成员变动及增发。新增加成员需2/3的成员认可，成员退出但仍在本单位的保留知本券，成员主动离职则知本券清零。知本券发放完毕后仍有后续投入的可在项目团队认可的基础上增发知本券。

知本券的单次发放虽然很难精准，但长期累计后计量一个项目的贡献度比较精准，能获得团队成员的认可。成果知本券是适合跨部门多人协作、多阶段长周期研发、变比例多期奖励分配的具有操作性的确权方法，对科技成果转化中的贡献量化、确认具有参考价值。

2.4　科技成果宣传推介

快速实现科技成果的市场转化有利于率先占领市场，取得竞争优势。科技成果的宣传推介是推动成果的市场转化的重要环节。宣传推介可以提高科技成果的知名度和影响力，吸引更多的潜在投资者、合作伙伴和用户，为科技成果转化和应用创造条件。研发人员通过宣传推介活动也可以与市场需求进行有效对接，更好地了解市场需求和趋势，为科技成果转化提供更准确的方向和定位。

常见的科技成果宣传推介方式如下：

第一，科技成果推介活动。研发机构通过展示、路演等方式，向参与活动的潜在需求方展示科技成果；通过现场交流，深入沟通科技成果的应用前景、市场潜力和合作转化意向。

第二，网络平台发布。研发机构利用互联网能快速提高科技成果的在线知名度和影响力，研发机构可以在国家科技成果网、中关村科技成果转化与技术交易综合服务平台、中索科技成果转化服务平台等网络平台发布。大型研发机构可以建立专业的科技成果展示网站、微信小程序等平台，分领域发布科技成果，介绍科技成果的技术原理、应用领域、市场前景等，吸引潜在投资者的关注并逐步提升在科技成果转化领域的影响力。

第三，行业协会推介。研发机构加入相关的行业协会和组织，可以与其他企业、专家学者等进行交流和合作，共同推动科技成果的转化。

第四，专业中介机构推广。专业的科技成果转化中介机构（如技术转移中心、知识产权代理机构等）具备专业的知识和经验，能够深入了解科技成果的内容、特点和优势，为宣传推介工作提供有力的技术支持。通常，专业中介机构拥有广泛的渠道和资源，能够与各类潜在投资者、合作伙伴和用户建立联系，为科技成果转化提供更多的机会和资源。

第五，新闻媒体宣传。研发机构通过新闻媒体发布科技成果的相关报道，提高科技成果的知名度和影响力，主要包括科技新闻、科技动态、科技人物等。这种方式具有传播速度快、覆盖面广、影响力大的特点。

第六，学术会议推广。研发机构及科研人员参加相关领域的学术会议，发表科技成果的相关论文和报告，可以向专业人士展示科技成果的创新性和实用性。这种方式具有专业性强、受众群体明确、影响力大的特点。

在实践中，研发机构可以根据实际情况选择多种方式进行科技成果的宣传推介。在宣传推介科技成果时，研发机构要重点突出科技成果的用途、特点和优势，如技术先进性、创新性、实用性等，可以通过对比其他同类产品或技术，让目标受众更加了解该科技成果的价值和潜力。

3
科技成果转化的常见方式

　　根据《中华人民共和国促进科技成果转化法》第十六条规定，科技成果持有者可以采用下列方式进行科技成果转化：自行投资实施转化；向他人转让该科技成果；许可他人使用该科技成果；以该科技成果作为合作条件，与他人共同实施转化；以该科技成果作价投资，折算股份或者出资比例；其他协商确定的方式。

　　《中华人民共和国促进科技成果转化法》第十七条明确规定："国家鼓励研究开发机构、高等院校采取转让、许可或者作价投资等方式，向企业或者其他组织转移科技成果。"遵循国家政策导向，科研机构、高校等将转让、许可和作价投资作为常见的转化方式，积极开展科技成果转化。由中国科技评估与成果管理研究会、科技部科技评估中心、中国科学技术信息研究所联合主编的《中国科技成果转化年度报告》也将转让、许可和作价投资三种方式作为中国高等院校与科研院所科技成果转化的主要统计口径。

　　本章主要介绍转让、许可和作价投资、自行实施、合作实施等转化方式的特点，适用情形及具体注意事项，并分析选择科技成果转化方式需要考虑的具体因素。

3.1　高等院校、科研院所科技成果转化的总体情况

　　根据《中国科技成果转化年度报告2022（高等院校与科研院所篇）》相关数据，2017—2021年科技成果转化活动日益活跃，3 649家高等院校与科研院所以转让、许可、作价投资方式转化的科技成果合同金额和合同项数均稳步增长。2021年，科技成果转化金额达到227.4亿元，合同项数为23 333项，同期增长均超过10%（见图3-1）。

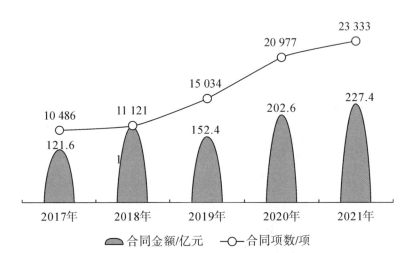

图 3-1　2017—2021 年高等院校、科研院所以转让、许可、
作价投资方式转化科技成果的合同金额和合同项数

　　2017—2021 年以转让和许可方式转化的科技成果项数和合同金额均呈明显递增趋势，而作价投资项数及合同金额则呈现波动趋势（见图 3-2 和图 3-3）。

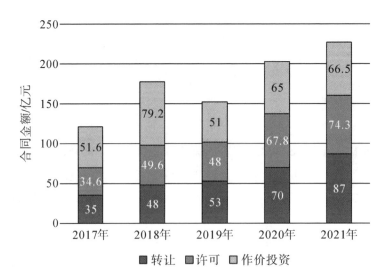

图 3-2　2017—2021 年高等院校、科研院所以转让、许可、
作价投资方式转化科技成果的合同金额

单位：项

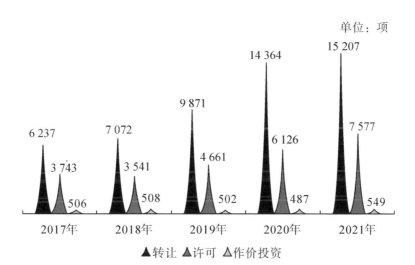

图 3-3　2017—2021 年高等院校、科研院所以转让、许可、
作价投资方式转化科技成果的合同项数

　　我们进一步分析 2017—2021 年科技成果转化数据发现，转让合同数目占总成果转化合同数目的 65.16%，但合同金额占比仅为 33.30%；作价投资合同数目占总成果转化合同数目的比例仅为 3.15%，但合同金额占比却达到了 35.56%。采取转让方式转化的科技成果数目最多，但项目平均价值相对最低，平均合同金额为 55.62 万元；采取作价投资方式转化的科技成果数目最少，但项目平均价值相对最高，五年来平均合同金额为 1 227.66 万元（见表3-1 和图 3-4）。

表 3-1　2017—2021 年高等院校、科研院所以转让、许可、作价投资方式
转化科技成果的合同数目、合同金额占比以及平均合同金额

转化方式	转让	许可	作价投资
合同数目占比/%	65.16	31.68	3.15
合同金额占比/%	33.30	31.14	35.56
平均合同金额/万元	55.62	106.95	1 227.66

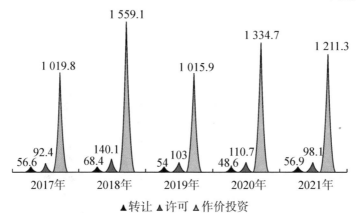

单位：亿元

图 3-4　2017—2021 年高等院校、科研院所以转让、许可、
作价投资方式转化科技成果的平均合同金额

仅从数据观察，价值相对较低的科技成果一般采取转让的方式转化，价值相对较高的科技成果一般采取作价投资的方式转化。本书将针对各类转化方式进行详细讨论。

3.2　科技成果许可

3.2.1　转化特点

科技成果许可是科技成果所有人将其研发的科技成果许可给他人使用的成果转化方式，最常见的形式是企业通过与科研机构、高校等订立合同，获得使用科技成果的权利，在不转移科技成果所有权的前提下，科研机构、高校收取许可使用费，并且可以对该成果进行后续研究开发。

双方交易的标的是科技成果的使用权和实施权，体现的是科技成果所有人对科技成果使用权和实施权的处置，因此不涉及成果所有权的变更。科技成果许可方式具有以下优点：

（1）程序简便，交易成本较低。

（2）被许可人支付的交易对价低，不需要一次性支付费用，容易达成交易。

（3）风险较小，当科技成果中的专利权、软件著作权等知识产权被宣告无效或被新的技术替代等情形出现时，被许可人受到的损失也较小。

同时，科技成果许可方式存在以下缺点：

（1）对于被许可人来说，其只获得了该成果的使用权，并没有因此获得相应的技术能力。

（2）对于许可人来说，其需要对核心技术进行有效的管控，并且许可使用期间产生的知识产权归属容易引发争议。

（3）非固定许可费收取模式易受被许可方经营情况的影响，难以保证许可费的足额收取。

一般而言，适合通过许可方式转化的科技成果具有自主知识产权（含专有技术），且具有以下特征：

（1）科技成果估值难度较大。

（2）科技成果技术成熟度、市场成熟度比较高，可以直接用于开发产品、工艺等，较少或基本不需要进行二次开发；或者技术边界复杂，需要多方参与转化。

（3）被许可人实施该成果时，不必依赖该成果的所有人，可以直接使用，或者在科技成果所有人的指导下就可以使用。

3.2.2 实施方式

科技成果许可根据成果实施权的许可范围又可以进一步细分为普通许可、独占许可、排他许可、从属许可和交叉许可五类。

3.2.2.1 普通许可

普通许可（simple license）又称为非独占性许可，是许可方允许被许可方在规定的时间和地域内使用某项专利，同时许可方自己仍保留在该地域内使用该项技术以及再与第三方就同一技术签订许可合同的权利。

普通许可的特征如下：许可方有权实施该项技术，被许可方也有权实施该项技术，许可方还可以继续许可其他第三方实施该项技术。

3.2.2.2 独占许可

独占许可（sole license）是指被许可方不仅取得在规定的时间和地域内实施某项专利技术的权利，而且有权拒绝任何第三者，包括许可方在内的一切其他人在规定的时间、地域内实施该项技术。

独占许可的特征如下：许可方无权实施该项技术，被许可方有权实施该项技术，其他任何第三方无权实施该项技术，类似于不发生成果所有权转移的转让。

3.2.2.3 排他许可

排他许可（exclusive license）又称为独家许可，即在一定地域内，许可方只允许被许可方一家而不再许可其他人在该地域内实施其专利，但许可方仍有权在该地域内实施该项技术。也就是说，独家许可除了不能排斥许可方本人实施该项技术以外，与独占许可基本相同。

排他许可的特征如下：许可方有权实施该项技术，被许可方有权实施该项技术，许可方不得许可其他任何第三方实施该项技术。

3.2.2.4 从属许可

从属许可（sub license）是指被许可方在得到许可方同意的条件下，可以以自己的名义许可第三方实施其专利。从属许可的条件必须在许可合同中予以说明，如未说明，即使是独占许可，也不能认为具有再许可权。

从属许可的特征如下：被许可方有再次许可的权力。

3.2.2.5 交叉许可

交叉许可（cross license）又称为互惠许可、相互许可、互换许可，是指两个或两个以上的专利权人在一定条件下相互授予各自的专利实施权的一种交易。交叉许可一般不涉及使用费支付，仅限于交换技术范围及期限等。如果两项专利的价值不相等，其中一方也可以给另一方一定的补偿。

交叉许可的特征如下：双方各自授予专利实施权。

案例3-1：2023年9月13日，华为公司和小米公司宣布达成全球专利交叉许可协议，该协议覆盖了包括第五代移动通信技术（5G）在内的通信技术。在此之前，华为公司和小米公司之间曾在知识产权领域产生了一系列的专利纠纷和冲突，之后双方则可以无偿使用协议范围涵盖的双方专利技术。华为公司和小米公司之间的全球专利交叉许可协议是一项重要的合作举措，不仅为双方提供了更广泛的专利使用权，也为整个行业提供了一个合作的典范。

3.2.3 许可费收取模式

科技成果许可的收费模式一般有固定费用、非固定费用、固定费用与非固定费用相结合三种模式。

固定费用，即通过协议或合同约定科技成果许可的总费用，可以一次性或分多次支付。

非固定费用，即按照科技成果许可年度支付，根据被许可方发展的情况（如从每年营业额或利润中提取一定比例等），甚至可以约定一个最低额。

固定费用与非固定费用相结合，即先支付一笔固定费用，再按年度从营业额或利润中提成。

以上三种收费方式都被普遍接受和使用，但相对来说，第三种方式更能平衡各方利益。对于许可方来说，固定费用可以补偿前期研发投入、规避技术扩散以及被许可方经营不善让科技成果失去转化先机的潜在风险；对于被许可方来说，一次性支付的固定费用相对较低，投资的门槛降低。

值得注意的是，如果采取非固定费用模式，许可方的成果转化收益往往与被许可方的经营情况挂钩，建议以营业额（而非利润）的一定比例收取，并设置最低额，以避免被许可方片面增加成本或通过其他方式降低账面利润，导致许可费降低或难以收回的情况。

3.2.4 风险管控

核心技术管控是科技成果许可中需要特别关注的问题。

科技成果许可并未让渡科技成果的所有权，在管理不善的情况下，在许可过程中可能存在被被许可方模仿或抄袭的风险，进而导致核心技术扩散或核心技术移植。科研机构、高校等应对本单位的科技成果进行全面梳理，判断核心技术和非核心技术，通过生产许可证、提供核心器件等方式对核心技术进行管控。

同时，许可使用期间产生的知识产权归属也时常引发争议。被许可方在使用科技成果期间，可能会基于该科技成果开发出新的知识产权。如果在前期的许可合同中没有相关约定，则后续的知识产权归属容易引发侵权纠纷，破坏合作，并且给许可方带来不利影响。

《中华人民共和国民法典》第八百七十五条规定："当事人可以按照互利的原则，在合同中约定实施专利、使用技术秘密后续改进的技术成果的分享办法；没有约定或者约定不明确，依据本法第五百一十条的规定仍不能确定的，一方后续改进的技术成果，其他各方无权分享。"也就是说，当被许可方利用原技术进行单方面改进，而科技成果许可合同对改进内容归属没有约定的情况下，改进的技术成果为被许可方单独所有。以专利为例，专利权人与被许可方就许可使用期间基于原技术产生的新技术成果归属有约定的，从其约定；没有约定的，则需要关注新技术研发的参与情况，使许可方非常被动。

因此，在科技成果许可合同中对改进技术归属的约定尤为重要。

3.3　科技成果转让

3.3.1　转化特点

科技成果转让是指科技成果所有人将科技成果的知识产权，包括专利权、软件著作权、专有技术（技术秘密）等，转让给他人（受让方）的一种科技成果转化方式。科技成果转让后，转让方获得转让收入，不再是科技成果的所有人，受让方向转让方支付转让价款，并成为科技成果的新的所有人。

双方交易的标的是科技成果的所有权，一般是通过成果所有人与成果转化人之间签署转让协议来实施。转让协议应当将拟转让成果的内容、范围界定清楚，对双方的权利义务事先进行约定。其中，核心条款是转让价格、支付方式。协议签订后，涉及专利权人、计算机软件著作权人等知识产权权属变更的，凭转让合同向国家行政管理部门办理变更登记。

科技成果转让是我国科研机构、高校使用最多的转化方式。科技成果转让具有以下优点：

（1）交易双方界面清晰，实施科技成果转让后，科技成果的相应收益与风险全部转移至受让方，权利义务对等。

（2）受让方一方面支付资金取得科技成果所有权，另一方面可以抵押科技成果所有权向金融机构融资，能够减轻受让方流动性资金负担。

同时，科技成果转让方式存在以下缺点：

（1）转让价格是双方谈判的焦点，而价格的确定需要交易双方对拟转让科技成果的技术含量、技术成熟度、市场需求预测、经济效益前景、收益周期、投资风险等进行深入分析评估，并达成一致，定价过程复杂，交易时间比较长。

（2）受让方对该项科技成果的技术含量和技术成熟度缺乏深入了解，转让方对该项科技成果的市场需求、经济效益前景缺乏深入了解，在信息不对称的情况下，可能导致科技成果估值偏差或者难以就成交价格达成一致的情况。

（3）国家设立的科研机构、高校，如通过协议定价方式确定科技成果转让价格的，需要通过内部行政决议并在本单位公示科技成果名称和拟交易价格，周期较长。一旦公示期间有异议，核实后方能推进。

3.3.2 适用情形

科技成果转让方式既可以发挥科研机构、高校的研发优势，也可以充分发挥企业的生产和市场优势。科技成果转让比较适用于以下情形：

（1）市场成熟度较高，受让方具备一定的市场销售渠道或市场开拓基础，能在较短时期内形成产品投向市场，而转让方没有意愿直接参与市场经营。

（2）受让方资金实力较强，看重该科技成果的知识产权，愿意为获得所有权而支付较高费用，或者想通过受让该项科技成果来提高自身的技术能力。

（3）受让方具备一定的技术储备和较强的研发能力，经过科技成果转让方的技术培训、技术服务，有能力承接和实施该科技成果。

案例 3-2： 谷歌（Google）公司拥有雄厚的资金和技术基础，为了进一步进军智能穿戴领域，拓展其智能信息系统的应用范围。谷歌公司与 Fossil 集团签订了价值 4 000 万美元（约合 2.9 亿元人民币）的智能手表转让协议，Fossil 集团将其智能手表技术的相关专利权及研发人员转让给谷歌公司。该案例中，谷歌公司资金实力雄厚，研发条件完善，并且可以直接在智能手表上移植谷歌公司开发的相关软件、算法，能够快速利用相关技术开拓市场。

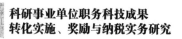
3.3.3 风险管控

科技成果转让涉及科技成果收益与风险的直接转移，对于受让方而言，交易风险较高。受让方可以通过对科技成果转让的两大核心要素转让价格、交易方式的特殊约定来降低交易风险。

关于转让价格的确定，目前科研机构和高校的大多数案例主要通过资产评估来实现。交易双方共同或分别选择第三方资产评估机构，以一定的评估方法估算科技成果价值，并以评估值为基础，协商确定最终交易价格，评估方法多采用收益法。

关于交易方式的约定，一般通过严格限定支付条件或捆绑利益，合理降低受让方的交易风险。严格限定支付条件的方式包括明确界定转让的技术状态、里程碑式付款、部分转让款从销售收入中提成等举措（见表3-2）。捆绑利益的方式主要包括要求转让方项目跟投等举措。

表3-2　转让成果时企业降低交易风险的举措

举措	具体内涵	核心要点
明确界定转让的技术状态	协议签订时，若部分成果未达到交付状态，需明确界定转让技术应达到的状态	通过里程碑付款、销售提成等分期付款方式，延长付款时间，缓释交易风险
里程碑式付款	明确技术开发的里程碑和付款条件	
部分转让款从销售收入中提成	部分转让费在实现产品上市后，从销售收入中分期支付	
转让方项目跟投	转让方出资跟投项目，作为小股东共同参与公司的运营	收益共享，风险共担

3.4　科技成果作价投资

3.4.1 转化特点

科技成果作价投资是指科技成果所有人将科技成果作为资本投入企业，取得该企业股权（股份），并分享经营收益、分担经营行为的科技成果转化方式。

科技成果作价投资以后，由被投资企业取得科技成果所有权，并将科技成果作为无形资产进行经营管理。作价投资是我国科研机构、高校科技成果转化合同金额占比最高的转化方式，有利于合作各方形成紧密的利益共同体，持续合作推进成果的市场化程度，提高科技成果转化成功率。对于科技成果所有人而言，其可以继续对该成果进行研究开发，并分享其转化收益，而且不受知识产权保护期限的限制。对于其他合作方而言，其无需向科技成果所有人支付现金就可以获得对科技成果所有权的控制及转化收益，是一种成本低、风险小的交易方式。对」被投资企业而言，其将科技成果所有人的利益与企业的经营业绩绑定在一起，科技成果所有人会持续支持该成果的后续研发，从而更有利于该成果的转化。

但是，作价投资方式也存在以下缺点：

（1）以作价投资方式实施科技成果转化，对于科技成果所有人来说，科技成果无法在短期内产生经济效益，相比于科技成果转让和许可方式，作价投资回报周期较长。

（2）以作价投资方式实施科技成果转化，科技成果所有人往往仅作为参股人，对企业的经营管理缺乏话语权，企业是否盈利也存在较大不确定性，投资风险难以预判。

（3）国家设立的科研机构、高校实施科技成果作价投资后，需对科技成果形成的股权纳入国有资产管理，增加管理成本和管理负担。

3.4.2 适用情形

一般而言，科技成果作价投资较适用于科技成果原创性强、技术成熟度高、市场成熟度低的情形。

技术创新性较强，一旦取得成功，可能取代现有市场，或者开辟全新的市场。

科技成果所有人与其他合作方之间的技术差距较大，其他合作方愿意为该项科技成果的产业化冒较大的风险。

技术成熟度高，填补了相关领域的空白，但仍存在顾客不确定、产品和工艺不确定等问题，其他合作方无法直接实施产业化，还需要进行产品和工艺的进一步开发。

案例 3-3：中国工程物理研究院流体物理研究所某研究团队十年磨一剑，自主研发医用回旋加速器，并于 2016 年作价 450 万元成立四川玖谊源粒子科技有限公司，研究所持股比例 45%。医用回旋加速器是我国医疗行业的"卡脖子"装备，长期以来依赖国外进口，具有广阔的市场前景。但由于技术门槛较高，研究所采取"扶上马，送一程"的策略推进产品的市场化，在公司成立初期，研究团队部分人员在公司兼职推进产品的进一步研发，之后逐渐为公司培养起一支独立的研发队伍。

目前，回旋加速器获得多项荣誉。四川玖谊源粒子科技有限公司于 2022 年销售医用回旋加速器实现营业收入 5 000 万元，公司资产规模达 1.8 亿元，并进一步开发出系列产品。

3.4.3 风险管控

作价投资与科技成果转让类似，同样涉及科技成果所有权的转移，不同之处在于科技成果转让取得的是货币资金，而作价投资取得的是被投资企业的股权。

通过作价投资实施科技成果转化往往面临科技成果产业化研发力量不足、市场不成熟、合作方意见不一致等问题。成果所有人利益与企业经营业绩绑定、研发团队跟投、合理设置股东权益等方式可以降低研发和经营风险，维护各投资方利益。

案例 3-4：中国电科通过"员工持股+员工跟投"组合拳，调动核心团队积极性，同时通过一致行动协议、限制退出强化团队控制，加强与核心员工的利益绑定。

案例 3-5：国家设立的 A 科研机构以科技成果作价入股投资 B 公司，持股比例 30%，为保证国有资产管理程序合规履行和有效防止国有资产流失，A 科研机构与其他股东协商一致，在 B 公司章程中约定：

第××条　出现以下情形时，如股东 A 科研机构需要按照相关国有资产管理程序进行审批、备案或对公司开展审计、资产评估、清产核资等工作的，公司及其他股东应当予以配合：

（一）股东 A 科研机构转让或无偿划转所持全部或部分公司股权。

（二）股东 A 科研机构对公司定向减资。

（三）因公司增资、减资、资本公积金转增注册资本等行为导致股东 A 科研机构持股比例或出资金额发生变化。

（四）法律、行政法规规定的其他事项。

第××条 出现以下事由时，股东 A 科研机构有权要求公司控股股东或实际控制人回购股东 A 科研机构持有的全部或部分股权，回购价格以第三方专业评估机构评估且经国资监管部门审核通过的净资产评估值与股东 A 科研机构实际出资额孰高者为准：

（一）公司业务发生重大调整且未经股东 A 科研机构同意。

（二）公司连续五年亏损。

（三）公司亏损，导致净资产低于公司注册资本的 60%。

（四）公司连续两年未召开股东会或者虽召开股东会但无法形成有效决议。

（五）公司领取营业执照后未实际开展经营活动满三年。

（六）公司章程规定的其他回购事由。

公司及其他股东应当配合办理股权转让事宜，包括出具同意股权转让的决策文件及放弃优先购买权的说明文件等。

如股东 A 科研机构需要按照相关国有资产管理规定在依法设立的产权交易场所公开交易，回购义务人应当在该产权交易场所内按照产权交易机构的交易规则积极办理相关手续。

3.5 自行投资实施转化

3.5.1 转化特点

自行投资实施转化是指由科技成果的所有人自行出资或组织资源对科技成果进行后续研究开发的科技成果转化行为。

自行投资实施转化不存在科技成果使用权和所有权的转移，科技成果所有人和转化人为同一主体，科技成果所有人承担风险和收益，且享有后续开发科技成果的所有权。自行投资实施转化因整个转化过程自主完成，未整合其他合作方资源，转化效果取决于科技成果所有人自身的资金实力和转化能力。

相比于其他转化方式，自行投资实施转化的独特优势如下：

（1）科技成果的所有人与转化人融为一体，消除了中间环节，在很大程度上降低了转化的交易成本。

（2）因不涉及科技成果权属的转移，国家设立的科研机构、高校等无需进行资产评估、协议定价公示等程序。

（3）科技成果所有人能够获得科技成果转化形成的全部产值和利润。

但是，自行投资实施转化也存在以下缺点：

（1）科技成果转化业务与单位其他业务的边界难以明确划分。

（2）科研机构、高校等科技成果所有人在研发领域具有优势，但对市场开拓、经营管理等并不擅长，可能导致科技成果转化效果不如预期。

3.5.2　适用情形

一般来说，自行投资实施转化多发生在同时具有研发能力和商品化、产业化能力的机构或组织。这些机构或组织拥有完善的基础研究、技术转化和产业化链条，能够通过内部力量实现成果的研制开发、转化孵化和商业化。自行投资实施转化主要适用于以下情形：

（1）科技成果与主责主业关联性强。科技成果与组织的主责主业关系密切，对主业能力提升、效益增长有促进作用；科技成果转化至外部企业，可能导致新竞争者的产生，冲击组织现有技术产品优势；科技成果与组织计划发展的方向关系密切，有望发展形成新的能力和经济增长点。

（2）科技成果成熟度较低，需要长期、持续的投资。部分创新性科技成果技术成熟度较低，从实验室产品走向产业化、商品化需要持续的资金、研发投入，采用自行投资实施转化的方式能有效保障研发等资源投入。

（3）科技成果所有人综合实力较强。单位资金、人力、技术、平台等资源雄厚，能支撑研发、生产全链条的资源投入。

在通常情况下，国家设立的科研机构和高校较少采用这种方式。因为国家对科研机构和高校在科技创新体系中的功能定位是技术创新的策源地、源头创新的主力军，其在产学研用协同的科技成果转化链条中更多担任科技成果供给方，而非科技成果转化实施的主要载体。2015 年，中共中央办公厅、国务院办公厅印发《深化科技体制改革实施方案》，明确要求"逐步实现高等学校和科研院所与下属公司剥离，原则上高等学校、科研院所不再新办企业，强化科技成果以许可方式对外扩散，鼓励以转让、作价入股等方式加强技术转移"。科研院所、高校等如将科技成果转化链条中的生产、销售等工作也一并自行完成，既分散其应当聚焦在基础研究、应用研究和技术开发等主责主业中的资源和能力，又不符合国家对其在科技创新体系中的定位（特殊情况除外）。

因此，采取自行投资实施转化的往往是研发实力和资金实力雄厚的企业。企业内部研发部门研发相关成果后，生产部门负责将其应用于产品生产，市场部门负责市场拓展和销售，企业承担全部转化风险，并获得全部转化收益。

案例 3-6：拥有 130 多年历史的默沙东在世界制药行业中一直是佼佼者，同时也是一家以"只做创新药物和疫苗、不做任何仿制药和生物类似药"为发展使命、以研发为主导的企业。默沙东在研发上投入巨大，研发管线十分丰富，遍布多个领域，包括肿瘤、疫苗、心血管、糖尿病等，2022 财年研发投入累计 150 多亿美元（约合 8 333 亿元人民币），研发投入占销售收入的比例高达 26.3%。默沙东是典型的同时具备研发能力和商品化、产业化能力的组织，因此其自行投资实施转化的机制十分顺畅。

3.6　与他人合作实施

3.6.1　转化特点

与他人合作实施是指科技成果所有人将研发的科技成果作为合作条件，与他人共同实施转化的一种科技成果转化方式。合作各方签订合作转化协议，发挥各自的优势，共同转化科技成果，并就收益共享、风险共担的办法达成共识。与他人合作实施的各方关系如图 3-5 所示。

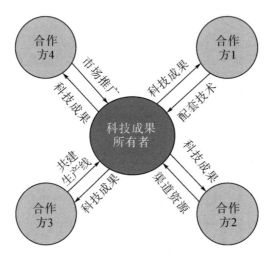

图 3-5　与他人合作实施的各方关系

与他人合作实施的通常做法是科技成果所有人提供技术成熟度较低的科技成果，并负责后续研发。其他合作方负责提供生产设备、生产线、实验场地等条件；围绕目标客户需求，协助科技成果所有人完成科技成果的后续试验、产品试制与定型、工艺开发；开拓目标市场和进行市场推广；实施产品销售等。与他人合作实施的优点如下：

（1）与他人合作实施不涉及科技成果权属的转移，程序简单。

（2）各合作方提供的是现有的资源条件，无需支付科技成果转让费或许可费，资金流动性压力较小。

（3）合作转化能够促使各方发挥各自优势，实现优势互补。

与他人合作实施的不足之处如下：

（1）与他人合作实施科技成果转化的效果取决于合作协议的完善程度和合作各方之间的信任程度，彼此关联不紧密。

（2）寻找能够实现优势互补的合作方较难。

（3）核心技术管控及风险分摊难，利益分配的规则不易平衡。

3.6.2　适用情形

与他人合作实施因合作各方关联相对松散，合作协议难以清晰界定各方责任，成本、收益与风险边界不清等，往往难以高效推进科技成果转化。因此，与他人合作实施往往作为一种辅助方式，与科技成果转让、科技成果许可等方式组合，共同发挥作用。

案例3-7："排他许可+与他人合作实施"组合方式

T研究所拥有一项船舶尾气遥测设备发明专利，同时拥有设备"一港一策"布局设点的业务能力。S公司主营船舶尾气检测仪的加工、定期维护与校准服务。S公司希望与T研究所就船舶尾气遥测业务开展合作，并提出"排他许可+与他人合作实施"的方案。

T研究所以排他许可方式许可S公司该项专利五年使用权，S公司一次性支付200万元许可使用费，同时双方共同开发该项业务，承揽业务签订三方合同。甲方为业务委托方；乙方为T研究所，负责布局方案设计；丙方为S公司，提供设备加工、维护和校准服务。

"排他许可+与他人合作实施"组合方式实现了专利权排他的目的，科研人员能够在短期内得到经济利益，但是合作松散，很难提高有关技术水平，也难以共同开发出一个成规模的市场。

"转让+与他人合作实施"和"许可+与他人合作实施"中的权、责、利如表3-3所示。

表3-3 "转让+与他人合作实施"和"许可+与他人合作实施"中的权、责、利

转化方式	具体方式	权	责	利
"转让+与他人合作实施"	科技成果的部分所有权转让给合作实施方，多方合作共同推动后续开发转化	成果所有权、使用权发生部分转移	合作各方按成果权益比例分摊进一步转化、市场开拓等方面的责任	按成果持有比例分享收益
"许可+与他人合作实施"	在科技成果许可的基础上，技术转让方额外提供技术支持，与受让方共同完成科技成果转化	所有权未发生转移，使用权转移	成果受让方承担进一步转化、市场开拓等方面的责任	成果所有者获取许可收益，其余的转化收益归受让方所有

3.7　科技成果转化方式的选择

　　以上列举了科技成果转化的常见方式，但从推动技术进步和转化为形成和提高生产力的终极目标来讲，科技成果转化没有一成不变的方式和途径，既可以是上述方式的组合，也可以是其他有利于推动科技成果转化的任何方式。

　　每种科技成果转化方式有不同的特征与适用场景，适用于不同类型的科技成果，相应也可能面临不同的收益和风险。因此，我们需要根据科技成果特色选择科技成果转化方式，并有针对性地利用特定的风险应对机制，有效缓释各类风险。

　　科技成果转化方式的特点和优劣势比较如表3-4所示。

表3-4　科技成果转化方式的特点和优劣势比较

转化方式	特点	优点	不足
许可	科技成果使用权交易	交易过程简单，交易成本低，交易风险较小	存在技术抄袭或仿冒风险
转让	科技成果所有权交易	交易界面清晰，权利义务对等，受让方可以用科技成果抵押融资	交易过程复杂，价格公允性难以判断
作价投资	科技成果所有权转化为资本	合作各方形成紧密的利益共同体	投资回收周期较长，国有单位增加国有资本管理负担
自行投资实施	科技成果所有人与转化人融为一体	交易成本低，科技成果所有人获得全部转化收益	未有效整合优势资源，科技成果转化风险大
合作实施	发挥各方优势的松散联合	程序简单，优势互补	合作不紧密，风险及收益分配不易平衡

　　科研机构、高校等作为科技成果的主要供给方和技术输出主体，在选择科技成果转化的方式时，一般需要从技术距离、知识产权、经费投入能力、预期收益与风险分担、科研人员参与度、后续研发及其成果归属等方面予以综合考虑。

3.7.1 技术成熟度

借助我国《科学技术研究项目评价通则》，我们可以将科研活动分为三大类：基础研究类（第一级至第三级）、应用研究类（第四级至第六级）、开发类（第七级至第九级）。

表 3-5　美军 TRL 标准与 GB 技术就绪水平对照表

级别	内容
第一级	观察到基本原理并形成正式报告
第二级	形成了技术概念或开发方案
第三级	关键功能分析和试验结论成立
第四级	研究室环境中的部件仿真验证
第五级	相关环境中的部件仿真验证
第六级	相关环境中的系统样机演示
第七级	在实际环境中的系统样机试验结论成立
第八级	实际系统完成并通过实际验证
第九级	实际通过任务运行的成果考验，可以销售

处于技术成熟度较低阶段的基础研究类活动，主要进行前沿性、颠覆性的理论和技术探索，形成具有普适性的原理和分析试验结论，其与产业化的距离较远，在此阶段实施科技成果转化的可能性不高。

处于技术成熟度中端的应用研究类活动，研究目的明确，主要形成样品样机或完成实验室验证，但仍无法直接对接市场，需要以需求为牵引进一步开展研发，在此阶段可以采取作价投资方式实施科技成果转化。

处于技术成熟度较高阶段的开发类活动，距离市场化、产业化仅一步之遥，仅需完成最后阶段的试验、验证和产品定型工作。其市场前景基本能够清晰判断，可以综合科技成果所有人和转化方意愿，多渠道选择科技成果转化方式。

简言之，技术成熟度越高的科技成果，实施科技成果转化的不确定性越小、市场化和产业化越近，预期转化成功率越高。因此，科技成果转化可以

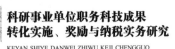
选择的方式较多。技术成熟度越低的科技成果，转化方式越受限。

3.7.2 技术距离

技术距离是指实施科技成果转化应有的技术水平与其实际技术水平之间的差距，也可以理解为在该科技成果领域成果所有人和转化人之间的现有技术水平差距。

如果科技成果所有人和转化人之间的技术距离较大的，科技成果转化方式通常建议选择科技成果作价投资的方式，而非选择科技成果转让或与他人合作实施的方式。采取科技成果转让或与他人合作实施的方式，科技成果转化人较难在短时间内对科技成果进行消化吸收，并掌握科技成果中蕴含的非显性技术知识，因此很大可能导致科技成果转化不如预期。如果采取作价投资的方式，转化人可以与成果所有人密切绑定，借助成果所有人的技术积累和科研团队快速推进科技成果转化。

在其他影响因素既定的情况下，技术距离越短，科技成果转化方对科技成果的吸收能力越强，成功转化科技成果的可能性就会加大。

3.7.3 知识产权

科技成果是否取得知识产权，是选择科技成果转化方式的一项重要因素。科技成果受法律保护的程度直接关系到科技成果所有人应当采取何种措施对该项科技成果实施保护，科技成果转化人如何有效承接并转化该项技术。

如果科技成果已取得专利、计算机软件著作权等，受法律保护水平较高，在选择转化方式时面临的技术外溢或仿冒抄袭风险相对较小。如果科技成果是未取得知识产权保护的专有技术（技术秘密），则需要慎用科技成果许可或与他人合作实施方式，因一旦在转化过程中该专有技术逸出，就不能追回，即便诉诸法律，也需付出巨大的维权代价。

未取得知识产权保护的科技成果应尽可能采取权责利边界清晰的科技成果转让、作价投资或自行投资实施等方式进行转化。

3.7.4　经费投入能力

科技成果转化的经费投入与科技成果本身的技术成熟度和市场成熟度相关，也与市场容量及期望达到的商业化、产业化程度相关。

科技成果转化人作为需求方，如果经济实力较弱，往往偏好许可方式，因为不涉及科技成果所有权权属转移，付出的交易成本相对较低，风险较小；如果经济实力和工艺开发能力较强，往往偏好转让或作价投资方式，以取得对该项科技成果的所有权或实际掌控权。

科技成果所有人在实施科技成果转化时，应当客观评价科技成果转化方的经费投入或融资能力能否支撑科技成果实现产业化、走向市场，转化方的投资额度是否与其投融资能力相匹配。投资额度往往表明了转化方的意愿和决心。除此之外，转化方的生产管理能力、市场销售能力也是科技成果所有人挑选合作方需要考量的因素。

3.7.5　市场成熟度

一般来说，科技成果的转化前景与市场需求正相关。某些科技成果可以转化为现实生产力，改进生产工艺，提高生产效率，或者研发新材料优化产品性能等。某些科技成果可以创造或引领市场需求，如虚拟现实（VR）技术可以催生新的应用场景，激发客户需求，从而创造新的购买力。科技成果的市场价值或预期可创造的市场需求越高，转化人的投资意愿和动力也会越强。

对市场前景清晰、有明确应用牵引的科技成果，需求人往往倾向采用科技成果许可、转让或自行投资的方式快速实现转化，以尽快抢占市场；对市场需求仍需进一步挖掘和激活的科技成果，需求人往往倾向采用作价投资或与他人合作实施的方式，以尽可能降低投资风险。

3.7.6　科研人员参与度

科研人员的参与度与科技成果的技术成熟度密切相关。科研人员对科技成果的技术状态、成熟度和技术瓶颈等最为了解。作为科技成果转化的奖励对象，科研人员也期望能够高效率、高效益地实现科技成果转化。

实际上，一般情况下科研机构、高校的大部分科技成果仍然停留在实验室阶段，距离产业化、市场化仍有很长的路要走，这往往被称为科技成果转化的"最后一公里"。如果科技成果研发人员能够深入参与从实验室技术到转化为产品的研发、定型等过程，则可以大大减少科技成果转化投入的人力、物力，缩短转化时间，提高转化成功率。但在此过程中，科研人员往往需要处理好成果转化与履行自身岗位职责的关系。如果单位缺乏较为宽松的管理制度和有效的保障、激励政策，当本职工作与科技成果转化存在矛盾时，科研人员往往会选择做好本职工作而放弃参与科技成果转化。

因此，技术成熟度较低、需要持续大量研发投入的科技成果，应当统筹考虑转化方式和科研人员参与形式，比如采取科技成果转让并附加技术开发的方式实施转化，为科研人员提供参与后续转化的合理通道，并建立相应的激励与约束机制，使科研人员能够无后顾之忧地参与科技成果转化。

3.7.7 配套服务

在科技成果转化中，除科技成果所有人和转化方的参与外，还涉及法律、资产评估、商务谈判、产权交易、技术合同认定登记等一系列流程，单靠交易双方完成既需耗费大量人力、物力，也难以确保专业高效。

《中华人民共和国促进科技成果转化法》第三十条明确提出："国家培育和发展技术市场，鼓励创办科技中介服务机构，为技术交易提供交易场所、信息平台以及信息检索、加工与分析、评估、经纪等服务。"在科技成果转化中引入专业的技术交易中介服务机构，不仅能够借助其专业能力和丰富的转化经验，提供政策法规咨询，帮助设计转化流程和方案，防范交易过程中的风险，确保各环节依法合规推进；还能够以其相对独立的立场和对技术市场需求、供给的深入了解，将相对分散的资源予以整合，为科技成果所有人和转化方牵线搭桥，加快科技成果转化进程。

一般来说，科技成果转化程序较便捷的许可、自行实施等方式对技术交易中介服务需求较小；作价投资和与他人合作实施等方式涉及多项流程和投融资、技术评估、工程化条件创造等专业服务，对技术交易中介服务需求较大。

科技成果转化方式的影响因素如表3-6所示。

表 3-6 科技成果转化方式的影响因素

方式	技术成熟度	技术距离	知识产权	经费投入	市场成熟度	科研人员参与度	配套服务
许可	较高	较短	使用权转移，所有权不转移	较小	较高	负有指导、培训义务	需求较小
转让	较高	较短或居中	所有权和使用权转移至受让方	较大	较高	负有指导、培训义务	居中
作价投资	居中或较高	一般较长	所有权和使用权转移至被投资企业	居中或较大	较低或居中	参与转化	需求较大
自行投资实施	均可	无关系	不转移	自行投资	较高	参与度高	需求较小
合作实施	较低	一般较短	不转移	共同投入	较低	参与转化	需求较大

在上述因素中，决定科技成果转化方式的核心是技术成熟度和市场成熟度。在实际操作中，如果其他因素难以分析预测，科研机构、高校可以主要根据科技成果的技术成熟度、市场成熟度选择转化方式（见图 3-6）。

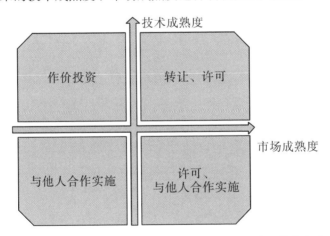

图 3-6 根据技术成熟度和市场成熟度选择科技成果转化方式

（1）技术成熟度、市场成熟度均较高的科技成果优先选择转让或许可的方式。

（2）技术成熟度、市场成熟度均较低的科技成果考虑与他人合作实施的方式。

（3）技术成熟度较高、市场成熟度较低的科技成果，考虑作价投资的方式。

（4）技术成熟度较低、市场成熟度高的科技成果，考虑许可或与他人合作实施的方式。

4
科技成果转化的其他方式

本章主要介绍科研机构、高等院校面向企业开展科技成果转化的其他方式，包括技术开发、技术咨询和技术服务，以下统称"技术开发、咨询、服务"。有的单位将其统称为"三技"活动或"三技"项目。有的单位将技术服务中的技术培训单列，进而将技术开发、技术咨询、技术服务、技术培训统称为"四技"服务。其中，技术开发是对新技术、新产品、新工艺、新品种或新材料及其系统的研究开发；技术咨询、技术服务是以技术知识解决特定技术问题，在应用、推广环节开展的可行性论证、技术调查、分析评价等。这些均是科技成果转化全链条中不可或缺的部分。

4.1　技术开发、咨询、服务、培训的定义

技术开发、技术咨询、技术服务的概念源自我国技术交易市场。依据《中华人民共和国民法典》第三编第二十章"技术合同"有关法律规定，辅以《最高人民法院关于审理技术合同纠纷案件适用法律若干问题的解释》（根据 2020 年 12 月 23 日最高人民法院审判委员会第 1823 次会议通过的决定修正）中对技术开发合同、技术咨询合同、技术服务合同的相关术语解释，可以明确技术开发、技术咨询和技术服务的定义和范围。因为技术服务合同登记时将技术培训合同单列，而技术培训也是科研机构的常见活动，所以本章单独介绍技术培训相关内容。

4.1.1　技术开发的定义

技术开发是指单位就新技术、新产品、新工艺、新品种或新材料及其系统进行研究开发的行为。当事人就新技术、新产品、新工艺、新品种或新材料及其系统的研究开发所订立的合同属于技术开发合同。技术开发合同包括委托开发合同和合作开发合同。当事人之间就具有实用价值的科技成果实施转化订立的合同，参照适用技术开发合同的有关规定。

新技术、新产品、新工艺、新品种或新材料及其系统包括当事人在订立技术合同时尚未掌握的产品、工艺、材料及其系统等技术方案，但对技术上

没有创新的现有产品的改型、工艺变更、材料配方调整以及对技术成果的验证、测试和使用除外。当事人之间就具有实用价值的科技成果实施转化订立的合同是指当事人之间就具有实用价值但尚未实现工业化应用的科技成果（包括阶段性技术成果）以实现该科技成果工业化应用为目标，约定后续试验、开发和应用等内容的合同。

科研机构、高等院校与企业签订技术开发合同，一般有以下几种情形：

（1）就科技成果进行后续试验、开发签订技术开发合同。

（2）基于科研机构、高等院校已有的科学技术知识、能力和条件等所进行的技术开发，包括产品（服务）开发、工艺开发等。

（3）为获得全新的技术而进行研究开发，科研机构没有现成的技术、能力或条件可以利用。

通常情况下，国家设立的科研机构、高等院校与企业之间的技术开发合作以前两种情形为主。

从科技成果转化的效果来看，通过技术开发方式，除上述第三种情形属于单纯的科技创新活动外，在其余两种情形下，科研机构、高等院校利用其研究开发能力或基于具有实用价值的科技成果，为委托方提供新技术、新产品、新工艺、新品种或新材料及其系统等研究开发成果，实现了知识和技术的创新，有利于提高生产力水平、发展形成新产业。

4.1.2　技术咨询的定义

技术咨询是指单位以技术知识就特定技术项目提供可行性论证、技术预测、专题技术调查、分析评价报告等行为。当事人一方以技术知识为对方就特定技术项目提供可行性论证、技术预测、专题技术调查、分析评价报告等所订立的合同，属于技术咨询合同。技术咨询合同的委托人按照受托人符合约定要求的咨询报告和意见作出决策所造成的损失，由委托人承担，但是当事人另有约定的除外。

特定技术项目包括有关科学技术与经济社会协调发展的软科学研究项目、促进科技进步和管理现代化、提高经济效益和社会效益等运用科学知识和技术手段进行调查、分析、论证、评价、预测的专业性技术项目。

从科技成果转化的效果来看，通过技术咨询方式，科研机构、高等院校既将掌握的技术知识应用于特定技术项目，实现了技术知识的经济价值，也为委托方经营决策提供了支撑，有利于特定技术项目进一步转化。

4.1.3 技术服务的定义

技术服务是指单位以技术知识为委托方解决特定技术问题的行为。当事人一方以技术知识为对方解决特定技术问题所订立的合同，属于技术服务合同。技术服务合同的受托人应当按照约定完成服务项目，解决技术问题，保证工作质量，并传授解决技术问题的知识。

特定技术问题包括需要运用专业技术知识、经验和信息解决的有关改进产品结构、改良工艺流程、提高产品质量、降低产品成本、节约资源能耗、保护资源环境、实现安全操作、提高经济效益和社会效益等专业技术问题。

从科技成果转化的效果来看，通过技术服务方式，科研机构、高等院校既为委托方解决了实际的技术问题，有助于现实生产力的提升，也将技术知识传递给委托人，实现了非知识产权的科技成果的转移。

4.1.4 技术培训的定义

技术培训是技术服务的一种，在技术合同认定登记时单独作为一类登记。技术培训是指单位对指定的专业技术人员进行特定项目的技术指导和业务训练的行为。技术培训不包括职业培训、文化学习和按照行业、法人或其他法人组织的计划进行的职工业余教育。

从科技成果转化的效果来看，通过技术培训方式，科研机构、高等院校将掌握的技术知识传递给委托方，有利于委托方的技术人员提升技术能力，也属于非知识产权的科技成果的转移。

4.2 科技成果转化关系探讨

4.2.1 属于科技成果转化的其他方式

2015 年修订的《中华人民共和国促进科技成果转化法》第十六条细化了单位进行科技成果转化的具体方式，包括自行投资实施、转让、许可、与他人合作实施、作价投资以及其他方式。其中，其他方式实际上包含多种形式。根据国家促进科技成果转移转化政策和技术市场交易现状以及对以企业为主体的科技成果转化工作的思考，技术开发、咨询、服务应属于国家设立的科研机构、高等院校面向企业开展科技成果转化的其他方式。

4.2.1.1 符合国家促进科技成果转移转化政策

从国家促进科技成果转移转化总体工作来看，科研机构、高等院校开展技术开发、技术咨询、技术服务、技术培训、成果推广等，与技术交易、作价入股等一样，均属于科技成果转化的方式。

2016 年 4 月，国务院办公厅印发《促进科技成果转移转化行动方案》（国办发〔2016〕28 号），对落实《中华人民共和国促进科技成果转化法》做了全面部署。其中，在重点任务的第二项"产学研协同开展科技成果转移转化"方面，提出"组织高校和科研院所梳理科技成果资源，发布科技成果目录，建立面向企业的技术服务站点网络，推动科技成果与产业、企业需求有效对接，通过研发合作、技术转让、技术许可、作价投资等多种形式，实现科技成果市场价值"；在重点任务第六项"建设科技成果转移转化人才队伍"方面，提出"动员高校、科研院所、企业的科技人员及高层次专家，深入企业、园区、农村等基层一线开展技术咨询、技术服务、科技攻关、成果推广等科技成果转移转化活动，打造一支面向基层的科技成果转移转化人才队伍"。

关于技术转移方式，在全国人大常委会法制工作委员会社会法室编著的《中华人民共和国促进科技成果转化法解读》中，针对 2015 年修订的《中华人民共和国促进科技成果转化法》第十六条解释道，技术转移是指制造某种产品、应用某种工艺或提供某种服务的系统知识，通过各种途径从技术供给方向技术需求方转移的过程。技术转移方式是科研院所、大专院校等创新源头力量实现科技成果转化的主要方式，技术转移双方利用技术合同等交易形式，实现了技术与经济利益的转化与分享。

2016 年 8 月，《教育部 科技部关于加强高等学校科技成果转移转化工作的若干意见》（教技〔2016〕3 号）出台，在全面认识高校科技成果转移转化工作方面，提出"高校科技成果转移转化工作，既要注重以技术交易、作价入股等形式向企业转移转化科技成果；又要加大产学研结合的力度，支持科技人员面向企业开展技术开发、技术服务、技术咨询和技术培训；还要创新科研组织方式，组织科技人员面向国家需求和经济社会发展积极承担各类科研计划项目，积极参与国家、区域创新体系建设，为经济社会发展提供技术支撑和政策建议"。

4.2.1.2 符合国家技术市场交易现状

技术市场是重要的生产要素市场。作为我国现代市场体系和国家创新体系的重要组成部分，技术市场在新时代肩负着统筹配置科技创新资源、健全技术创新市场导向机制、促进技术转移和成果转化的重要使命。

2017 年 6 月，《科技部关于印发"十三五"技术市场发展专项规划的通知》（国科发火〔2017〕157 号）指出："'十二五'期间，我国技术转移与成果转化的手段不断丰富，从单一的技术开发、转让、入股、咨询和服务，向科技企业股权交易、企业并购、交钥匙工程、技术投融资等多样化方向发展。技术成果拍卖、技术集成经营、专利运营、技术熟化推广、产业技术研究院、科技创业孵化等多样化的技术转移模式向价值链各个环节延伸，促进了技术要素与资本、人才等要素的紧密融合，加速了传统产业转型升级和战略性新兴产业发展，为推动科技与经济结合发挥了重要作用。"

这表明，单一的技术开发、技术转让、技术咨询、技术服务，实际上是科技成果转移转化的常规、传统手段。

4.2.1.3 符合以企业为主体的科技成果转化工作要求

企业是科技成果转化的主体，负责将科技成果最终转化为现实生产力。围绕企业如何实施科技成果转化，可以基于科技成果转化全貌，更好定位科研机构、高等院校参与科技成果转化的方式。

在全国人大常委会法制工作委员会社会法室编著的《中华人民共和国促进科技成果转化法解读》中，针对 2015 年修订的《中华人民共和国促进科技成果转化法》第二十六条解释道，科技成果转化活动，从技术来源或转化方式来看是多种多样的，企业作为科技成果开发和应用的主体，其转化科技成果的方式可以有：自行转化企业开发的科技成果；吸纳科研机构和大学的科技成果，进行后续开发、试验；委托科研机构和大学研发和转化科技成果；与科研机构和大学合作转化科技成果；独立承担或联合承担国家科技项目，进行科技成果的商业化、产业化。

可见，科研机构、高等院校受企业委托开展技术研发或转化以及通过技术咨询、服务方式，将技术知识、研发成果转移至企业，均属于帮助企业实施科技成果转化的途径。

4.2.2　技术开发、咨询、服务的特点

与技术转让、许可、作价投资等科技成果转化方式相比，技术开发、咨询、服务规模相对较小，在单位科研活动中更常见，其转化前提、工作方式、价格确定相较于其他科技成果转化方式有所区别（见表4-1）。

表4-1　技术开发、咨询、服务与技术转让、许可、作价投资对比

项目	技术开发、咨询、服务	技术转让、许可、作价投资
转化前提	主要利用未形成知识产权的科技成果，不强制以具备知识产权的科技成果为前提	必须基于知识产权、专有技术（技术秘密）等已有的科技成果
工作方式	主要利用单位科研人员的技术知识和科研能力，直接为委托方解决技术难题	主要利用科技成果推广宣传、知识产权运营、法务、商务等专业知识，向委托方转移已有科技成果所有权或使用权
价格确定	以协议定价为主	协议定价、技术交易市场挂牌交易、拍卖等多种市场方式

一方面，技术开发、咨询、服务活动可以灵活响应市场需求，加快科技成果转化步伐。科技成果从书架成功走向货架，并非易事。投资企业通常会担心资金投入无法取得回报，希望与高校、科研院所更多绑定，而高校、科研院所也担心科技成果流失或牵扯科研人员大量精力却无法兑换价值。技术转让通常也需要辅以技术开发、技术咨询、技术服务等，便于进一步提升技术指标，或者帮助受让方真正掌握科技成果。专有技术（技术秘密）等未形成知识产权的科技成果较难直接通过技术转让、作价投资方式实现转化，也

不具备技术许可的知识产权。此时，技术开发、咨询、服务因周期、规模灵活，能够作为技术转让、技术许可、作价投资等转化方式的配套补充，能在技术培育阶段，快速与企业实现对接。

另一方面，技术开发、咨询、服务活动不强制以知识产权为前提，转化门槛相对较低，管理不当，可能导致科技成果转化质量低劣化。在通常情况下，以技术转让、许可、作价投资方式转化科技成果，必须基于知识产权、专有技术（技术秘密）等已有科技成果，并且科技成果一般具有一定的成熟度，能够让投资人看到转化为产品的巨大可能。技术开发、咨询、服务不强制以知识产权等已有科技成果为前提，科研机构可以灵活地直接参与技术市场竞争。因此，实施技术开发、咨询、服务的门槛相对较低。事实上，根据科技部公开的统计数据，科研机构、高等院校的技术开发、咨询、服务虽然合同总金额占比高，但是合同平均金额相对较低。在实际操作中，如果缺少清晰可用的认定规则，基础检测、粗加工等技术含量低的一般经营活动容易被混淆作为技术开发、咨询、服务，导致科技成果转化质量低劣化，或者被用于利益输送。

4.2.3　更多关系探讨

技术开发、咨询、服务与科技成果转化的关系也引发了学者的广泛探讨，本章简要介绍一些代表性观点。

2020 年，曾参与《中华人民共和国促进科技成果转化法》修订工作的中国科学院大学公共政策与管理学院尹锋林副教授在《科研能力转化、科技成果转化与知识产权运用》一书中，提出技术开发、技术转让、技术咨询、技术服务等技术合同是科研能力转化、科技成果转化或知识产权运用的重要载体和形式，并将科研能力转化与科技成果转化区分开来。其中，科研能力是自然人或单位开展科学研究或技术开发的能力或潜力，科技成果是人们通过运用科研能力而在科研活动中做出的科学发现或形成的发明创造。

通过比较各类技术合同的定义、作用，尹锋林副教授认为，技术开发、技术服务、技术咨询合同均涉及科研能力转化，其中技术开发合同的主要功能是实现科研能力向现实生产力转化，即科研能力转化而非科技成果转化。单位在进行技术开发、技术咨询或技术服务时，如果受托方仅利用科研能力，没有利用其已有的科技成果或智力成果，那么受托方的行为就是单纯的科研能力转化，而不涉及科技成果转化。如果受托方也利用了自身已有的科技成果，那么该行为既属于科研能力转化，也属于科技成果转化。技术转让、技术许可合同因不涉及运用转让方的科研能力，可以认为仅涉及科技成果转化。

2021年，国家工业信息安全发展研究中心门俊男工程师在《浅议"三技"与科技成果转化——基于技术转移体系视角》一文中提出，"三技"活动的概念早于科技成果转化出现，其本质是技术交易，只要实现了技术从供给方向受让方的流动，就实施了"三技"活动。"三技"活动与科技成果转化是交叉关系，只有部分"三技"活动可以视为科技成果转化活动。基于技术转移体系视角，科技成果转化是目的，"三技"活动是手段，不能想当然地认为"三技"活动就是科技成果转化。科研机构应聚焦合理划定纳入科技成果转化范围的"三技"活动这一问题，进一步完善科技成果转化管理制度。

4.3 技术开发、咨询、服务的现状

技术开发、咨询、服务实际上是当前科研机构、高等院校开展科技成果转化的主要形式，是活跃在技术市场上的重要交易类型。科技部科技评估中心基于科研院所、高等院校按照《国务院关于印发实施〈中华人民共和国促进科技成果转化法〉若干规定的通知》（国发〔2016〕16号）要求报送的新签订科技成果转化合同数据编制的《中国科技成果转化年度报告（高等院校与科研院所篇）》以及科技部委托火炬高技术产业开发中心基于全国技术合同认定登记情况编制的《全国技术市场统计年度报告》均显示，以技术开发、咨询、服务的科技成果转化方式，在合同金额总量和合同项数上均占主体地位。

4.3.1 科技成果转化年度报告数据

2023年4月，科技部科技评估中心发布《中国科技成果转化年度报告2022（高等院校与科研院所篇）》，从3 649家高等院校和科研院所报送的

2021 年度数据来看，全国高等院校和科研院所的科技成果转化方式仍以技术开发、咨询、服务为主。

2021 年，高等院校与科研院所签订技术开发、咨询、服务合同金额合计 1 354.4 亿元，占以转让、许可、作价投资和技术开发、咨询、服务方式转化科技成果总合同金额的 85.6%（见图 4-1，2020 年占比为 83.9%）；合同项数为 541 283 项，占以转让、许可、作价投资和技术开发、咨询、服务方式转化科技成果总合同项数的 95.9%（见图 4-2，2020 年占比为 95.5%）。

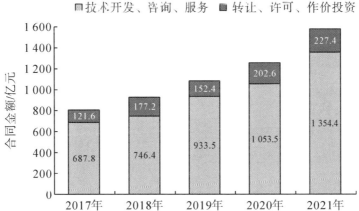

图 4-1　2017—2021 年高等院校与科研院所以多种方式转化科技成果的合同金额

注：数据取自《中国科技成果转化年度报告 2022（高等院校与科研院所篇）》。

图 4-2　2017—2021 年高等院校与科研院所以多种方式转化科技成果的合同项数

注：数据取自《中国科技成果转化年度报告 2022（高等院校与科研院所篇）》。

与此同时，高等院校与科研院所以技术开发、咨询、服务方式转化科技成果的平均合同金额相对较小。2021 年，高等院校以技术开发、咨询、服务方式转化科技成果的平均合同金额为 38.0 万元，较 2020 年增长 9.3%。其中，1 亿元及以上的合同有 19 项；100 万元以下的合同有 235 921 项。2021 年，科研院所以技术开发、咨询、服务方式转化科技成果的平均合同金额为 13.7 万元，较 2020 年下降 8.4%。其中，1 亿元及以上的合同有 10 项；100 万元以下的合同有 283 578 项。

4.3.2　技术合同认定登记数据

2022 年 12 月，科技部火炬中心发布《2022 年全国技术市场统计年报》。从 2021 年全国登记认定的技术合同来看，技术服务与技术开发是我国技术交易最主要的方式，两类合同成交额占技术合同成交额的约九成。

2021 年，全国技术服务合同成交额达到 21 422.7 亿元，技术开发、技术咨询、技术服务三类技术合同成交额总计 34 047.8 亿元，占全国技术合同成交总额的比重近 91.3%。从近年来全国技术合同统计数据来看，技术转让类（含技术许可）合同占比基本未超过 10%（见图 4-3）。

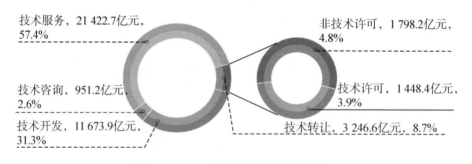

图 4-3　2021 年全国技术合同构成情况

注：数据取自《2022 年全国技术市场统计年度报告》。

全国技术合同分布规律在科研院所和高等院校也基本一致。2021 年，科研院所全年签订技术合同 77 485 项，成交额 1 218.2 亿元，以提供技术服务和技术开发为主，两类合同成交额分别为 517.0 亿元和 553.1 亿元，占比分别为 42.4% 和 45.4%。2021 年，高等院校全年输出的技术合同为 127 252 项，成交额 790.4 亿元，以技术研发和技术服务实现科研能力的转移转化仍是高校成果转化最突出的特点，技术开发和技术服务合同成交额分别为 449.3 亿元和 198.6 亿元，占比分别为 56.8% 和 25.1%。

与此同时，技术转让合同成交额占全国技术合同的比重虽不足 10%，但平均成交额居首位，2021 年为 946.1 万元，远高于技术服务合同（639.1 万元）、技术开发合同（455.4 万元）和技术咨询合同（213.0 万元）。各类技术合同的成交额，在一定程度上反映了以技术转让（含许可）方式实施科技成果转化的难度（见图 4-4）。

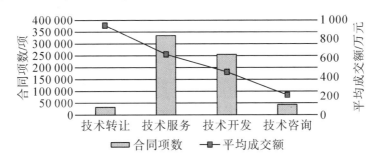

图 4-4　2021 年全国技术合同分类统计

注：数据取自《2022 年全国技术市场统计年度报告》。

从 2012—2021 年各类技术合同平均每项成交额情况来看（见表 4-2），技术转让合同平均交易额存在起伏波动，十年间仅提升 9.9%，而技术开发、技术咨询、技术服务合同平均交易额保持稳步上升趋势，分别增长了 159.5%、362.0%、112.9%，这反映了技术开发、技术咨询、技术服务的技术含量和经济价值也在不断提升。

表 4-2　2012—2021 年各类技术合同平均每项成交额　　单位：万元

合同类别	2012年	2013年	2014年	2015年	2016年	2017年	2018年	2019年	2020年	2021年
技术开发	175.5	180.2	198.0	198.6	234.2	280.2	326.4	362.3	407.9	455.4
技术转让	860.9	918.4	909.8	1 146.9	1 280.6	838.6	1 046.6	1 291.1	1 031.6	946.1
技术咨询	46.1	59.9	87.5	78.4	191.6	168.0	189.3	196.7	305.5	213.0
技术服务	300.2	353.6	394.4	471.3	434.0	411.3	517.0	522.2	582.8	639.1
单项合同平均成交额	228.1	253.3	288.8	320.3	356.0	365.2	429.6	462.7	514.3	556.2

注：数据取自《2022 年全国技术市场统计年度报告》。

因《2022年全国技术市场统计年报》未披露科研院所和高等院校技术开发、咨询、服务签订的具体合同项数，暂无法计算其技术开发、咨询、服务的平均合同金额。但根据前述《中国科技成果转化年度报告2022（高等院校与科研院所篇）》披露情况来看，科研院所和高等院校技术开发、咨询、服务的平均合同金额（高等院校38.0万元、科研院所13.7万元）明显低于全国平均水平。

4.4　技术开发、咨询、服务适用科技成果转化的激励政策

4.4.1　国家部委相关政策沿革

2015年修订的《中华人民共和国促进科技成果转化法》实施之初，因未将技术开发、咨询、服务直接列入科技成果转化的方式，技术开发、咨询、服务如何适用科技成果转化激励政策成为科研机构、高等院校实际操作中的一个难点。梳理国家各部门2016年以来陆续出台的落实政策发现，技术开发、咨询、服务适用科技成果转化激励政策日益清晰，适用范围逐渐取消技术开发、咨询、服务需从属于科技成果转化工作的限定。本书根据不同适用范围，对技术开发、咨询、服务适用科技成果转化激励政策的有关规定做简要介绍。

4.4.1.1　适用在科技成果转化工作中开展的技术开发、咨询、服务

2016年3月，《国务院关于印发实施〈中华人民共和国促进科技成果转化法〉若干规定的通知》（国发〔2016〕16号）发布，在激励科技人员创新创业方面，依法对职务科技成果完成人和为成果转化做出重要贡献的其他人员给予奖励。该文件规定："对科技人员在科技成果转化工作中开展技术开发、技术咨询、技术服务等活动给予的奖励，可按照促进科技成果转化法和本规定执行。"

2021年2月，《人力资源社会保障部 财政部 科技部关于事业单位科研人员职务科技成果转化现金奖励纳入绩效工资管理有关问题的通知》（人社部发〔2021〕14号）发布，对事业单位接受企业或其他社会组织委托取得的项目，明确"其中属于科研人员在职务科技成果转化工作中开展技术开发、技术咨

询、技术服务等活动的，项目承担单位可根据实际情况，按照《技术合同认定登记管理办法》规定到当地科技主管部门进行技术合同登记，认定登记为技术开发、技术咨询、技术服务合同的，项目承担单位按照促进科技成果转化法等法律法规给予科研人员的现金奖励，按照本通知第一条规定执行"。

以上规定将技术开发、咨询、服务项目的奖酬金提取，限定于在科技成果转化工作中开展的技术开发、咨询、服务，而如何界定是否属于在科技成果转化中开展的工作，则未进一步明确。这也是实际操作中对技术开发、咨询、服务项目实施科技成果转化奖励的上要顾虑。

4.4.1.2 适用横向委托的技术开发、咨询、服务

2016 年 8 月，为推动高校加快科技成果转移转化，《教育部 科技部关于加强高等学校科技成果转移转化工作的若干意见》（教技〔2016〕3 号）出台，在健全以增加知识价值为导向的收益分配政策方面，明确规定："高校科技人员面向企业开展技术开发、技术咨询、技术服务、技术培训等横向合作活动，是高校科技成果转化的重要形式，其管理应依据合同法和科技成果转化法……"

同期，为进一步提升中国科学院科技成果转移转化能力，允分发挥科技对经济社会发展的支撑和引领作用，中国科学院、科学技术部联合印发《中国科学院关于新时期加快促进科技成果转移转化指导意见》（科发促字〔2016〕97 号），在资产管理方面明确规定："对横向课题经费和纵向课题经费施行分类管理，横向课题经费管理实行合同约定优先。科技人员为企业提供技术开发、技术咨询、技术服务、技术培训等服务，是科技成果转化的重要形式；院属单位应依据相关法律法规与合作单位依法签订合同或协议，约定任务分工、资金投入和使用、知识产权归属、权益分配等事项，经费支出按约定执行。"

2016 年 11 月，为加快实施创新驱动发展战略，激发科研人员创新创业的积极性，中共中央办公厅、国务院办公厅印发《关于实行以增加知识价值为导向分配政策的若干意见》（厅字〔2016〕35 号），在进一步发挥科研项目资金的激励引导作用方面，明确要求"完善科研机构、高校横向委托项目经费管理制度。对于接受企业、其他社会组织委托的横向委托项目，人员经费使用按照合同约定进行管理。技术开发、技术咨询、技术服务等活动的奖酬金提取，按照《中华人民共和国促进科技成果转化法》及《实施〈中华人民共

和国促进科技成果转化法〉若干规定》执行……"

以上规定表明，国家设立的科研机构、高等院校，接受企业横向委托的"三技"工作，可以按照《中华人民共和国促进科技成果转化法》，对职务科技成果完成人和为成果转化做出重要贡献的其他人员给予奖励。

4.4.1.3 未加限定适用技术开发、咨询、服务

2021 年 8 月，十三届全国人大常委会第三十次会议对《中华人民共和国科学技术进步法（修订草案）》进行了审议。该修订草案在第五十八条中规定："技术开发、技术咨询、技术服务等活动的奖酬金提取，视同科学技术成果转化，依照法律规定办理。"该表述表明国家拟从法律层面明确技术开发、技术咨询、技术服务适用科技成果转化奖酬金提取的有关政策。

2021 年 12 月，全国人民代表大会宪法和法律委员会在全国人民代表大会常务委员会第三十二次会议做《关于〈中华人民共和国科学技术进步法（修订草案）〉审议结果的报告》时，在针对修订草案第五十八条第二款的修改意见中指出："有的常委委员和部门建议上述规定与科技成果转化有关规定相衔接。宪法和法律委员会经研究，建议修改为：技术开发、技术咨询、技术服务等活动的奖酬金提取，按照科技成果转化有关规定执行。"该修改意见经审议通过，相关内容纳入 2021 年修订的《中华人民共和国科学技术进步法》第六十条第二款，并于 2022 年 1 月 1 日起施行。最终立法未使用"视同科学技术成果转化"的表述，直接明确按照科技成果转化有关规定执行，实际上进一步认可了技术开发、技术咨询、技术服务等活动的科技成果转化属性。

全国人大常委会、科技部等参与《中华人民共和国科学技术进步法》立法工作的有关同志编写的《中华人民共和国科学技术进步法释义》对第六十条有关的"技术开发、技术咨询、技术服务等活动的奖酬金"做了进一步解释："技术开发、技术咨询、技术服务等活动，是科学技术人员实现知识价值的一种重要方式。"为全面促进科技成果转化活动，本次修订本着促进科学技术人员采取多种方式促进科技成果转化的出发点，明确规定技术开发、技术咨询、技术服务等活动的奖酬金提取按照科技成果转化有关规定执行。为激励科学技术人员通过技术开发、技术咨询、技术服务等活动促进科技成果转化，科学技术人员所在单位可以从技术合同的净收入中提取一定比例，作为对科学技术人员的奖励。

以上法律规定和解释进一步明确，技术开发、技术咨询、技术服务均适

用科技成果转化奖酬金提取有关规定。同时，我们也要注意到，国家相关立法均以促进科技成果转化为初衷，因此，真正促进科技成果转化应是我们在实践中需要遵循的基本原则。

此外，2021年11月，国家科技评估中心、中国科技评估与成果管理研究会编著出版《科技成果转化工作指南》，在"第七章　科技成果转化收益分配"部分，针对技术开发、咨询、服务指出，根据规定，技术开发、技术咨询、技术服务等都是科技成果转化活动，都可按照《中华人民共和国促进科技成果转化法》的规定给予科技人员奖励和报酬，但没有规定提取比例和计算方式。因为技术开发、技术咨询、技术服务都要签订技术合同，所以可以参照技术转让方式，按照净收入的一定比例计算奖酬金。此处引用的规定即国务院印发的《实施〈中华人民共和国促进科技成果转化法〉若干规定》（国发〔2016〕16号）和中共中央办公厅、国务院办公厅印发的《关于实行以增加知识价值为导向分配政策的若干意见》（厅字〔2016〕35号），表明科技部早已将技术开发、技术咨询、技术服务视为科技成果转化活动。

4.4.1.4　适用经认定登记的技术开发、咨询、服务

在国家各部门科技成果转化奖励与税收优惠诸多政策中，开展技术合同认定登记是享受奖励与税收优惠的必要环节。从技术合同认定登记制度的修订计划和相关解释来看，逐渐从未经认定不得享受优惠，转变为经认定登记的技术合同依据规定享受优惠，对科研机构人员从事技术开发、咨询、服务给予极大鼓励。

技术合同认定登记制度是为贯彻国家扶持技术市场的政策和规定，保障国家促进科技成果转化优惠政策的正确实施而建立的认定、登记和统计技术合同的管理制度。2000年，为加强国家对技术市场和科技成果转化工作的指导、管理与服务，规范技术交易行为，科技部、财政部、国家税务总局联合发布了《关于印发〈技术合同认定登记管理办法〉的通知》（国科发政字〔2000〕063号），对技术合同认定登记的目的、适用范围、主管部门、技术合同登记的申请、提交的合同文本及有关材料、登记机构的主要职责、登记受理及其期限、登记结果的复议、主管部门对登记机构及其人员的管理和考核、责任的追究等做了明确规定。其中，第六条明确规定"未申请认定登记和未予登记的技术合同，不得享受国家对有关促进科技成果转化规定的税收、信贷和奖励等方面的优惠政策"。

2020 年，科技部公开发布的《技术合同认定登记管理办法（征求意见稿）》，提及"经认定登记的技术合同，可享受国家有关促进科技成果转化的税收、信贷和奖励等方面的优惠政策""法人和非法人组织可按照国家有关规定，根据认定登记的技术合同，从技术开发、技术转让、技术许可、技术咨询和技术服务的净收入中提取一定比例作为奖励和报酬，给予技术成果完成人和为成果转化做出重要贡献的人员"。该征求意见稿从正面确认，经认定登记的各类技术合同均可实施科技成果转化奖励。但该管理办法截至 2023 年 9 月仍未正式印发，具体如何规定仍待持续跟踪。

2022 年 10 月，为贯彻落实《中共中央 国务院关于构建更加完善的要素市场化配置体制机制的意见》有关精神，进一步加强技术合同认定登记管理，加速技术要素市场化配置，确保科技成果转化政策落地，科技部火炬中心印发《技术合同认定登记工作指引》，明确要求各级科技管理部门"积极推动经认定登记的技术合同按照有关规定享受增值税、企业所得税、研发费用加计扣除和个人所得税减免等税收优惠政策；科技成果转化奖励提取，技术交易后补助等专项政策"。该规定表明，经认定的技术合同，不论是技术开发、技术咨询、技术服务类合同还是技术许可、技术转让类合同，均适用科技成果转化奖励提取等专项政策。前文提及的《技术合同认定登记管理办法（征求意见稿）》的核心精神在《技术合同认定登记工作指引》中已得以体现。

与此同时，对于"技术合同认定登记制度与落实优惠政策的关系是什么"的问题，科技部火炬中心在官网专门作出解释："国家为促进科技成果转化制定了一系列优惠政策。为保障政策的正确实施，从 1987 年起，我国实行了技术合同认定登记制度。根据国家有关规定，经认定登记的技术合同，当事人可以享受国家有关促进科技成果转化的税收和奖励等方面的优惠政策。未申请认定登记或申请而未予登记的合同不得享受有关优惠政策。"

综合以上规定和科技部火炬中心的权威解释，我们可以理解为，经认定登记的技术合同，包括"三技"合同在内，均能按规定享受促进科技成果转化方面的优惠政策。

事实上，从国家建立技术合同认定登记制度的宗旨来看，其旨在保障国家促进科技成果转化优惠政策的正确实施，经认定的各类技术合同均可按规定享受促进科技成果转化方面的优惠政策。只是因目前我国各类科技成果转化方式的难度、活跃度不同，国家鼓励程度不同，配套的优惠政策有所不同。

在实际操作中，我们应当严格根据具体优惠政策规定的条件实施。

4.4.2 地方政府相关详细规定实例

在实践中，2015 年修订的《中华人民共和国促进科技成果转化法》未明确将技术开发、咨询、服务列为科技成果转化的实施方式。自该法实施以来，各地政府制定落地政策时也有不同的路径。

4.4.2.1 北京市

北京市实现了技术合同认定登记与奖励政策的有效衔接，但限于在科技成果转化中开展的技术开发、技术服务、技术咨询等活动。

2019 年 12 月，北京市人民代表大会常务委员会发布《北京市促进科技成果转化条例》，其中第四十三条规定："本条例所称科技成果包括专利技术、计算机软件、技术秘密、集成电路布图设计、植物新品种、新药、设计图、配方等。本条例所称科技成果转化活动包括在科技成果转化中开展的技术开发、技术服务、技术咨询等活动。"

2021 年 3 月，北京市人民代表大会常务委员会发布修订后的《北京市技术市场条例》，其中第二十七条规定："经认定登记的技术合同，属于职务技术成果的，卖方应当按照《中华人民共和国促进科技成果转化法》、相关法律、法规和本市有关规定，奖励直接参加技术研究、开发、咨询和服务的人员。"

2023 年 4 月，北京市科学技术委员会、中关村科技园区管理委员会修订印发《北京市技术合同认定登记管理办法》，其中第三十三条规定："技术合同经认定登记，按照有关规定，合同当事人可享受优惠政策；《技术合同登记证明》可作为合同当事人开展技术开发、技术转让、技术许可、技术咨询、技术服务工作，投入研究开发费用等情况的证明材料。"第三十四条规定："职务技术成果转化中签订的技术合同，经认定登记，技术卖方应当按照《北京市技术市场条例》等有关法律法规，奖励直接参加技术研究、开发、咨询和服务的人员。"

4.4.2.2 上海市

上海市未对技术开发、咨询、服务是否属于科技成果转化进行讨论，而是从促进科技成果转化的角度，单独为技术开发、咨询、服务建立了与技术转让、许可等基本一致的奖励政策。

2017 年 4 月，上海市印发《上海市促进科技成果转化条例》，其中第四条规定："科技成果完成单位对其持有的科技成果，可以自主决定采用转让、许可或者作价投资等方式实施转化。"该条例未对技术开发、咨询、服务管理与奖酬金提取作出规定。

2021 年 11 月，上海市财政局印发《上海市事业单位绩效工资管理中技术合同奖酬金发放的若干规定》，明确制度背景是"为落实以增加知识价值为导向的收入分配政策……引导激励科研人员通过技术开发、技术咨询、技术服务等方式促进科技成果转化"。该规定明确了技术开发、技术咨询、技术服务等活动（以下统称"三技"活动）的奖酬金提取和发放，并规定技术转让和技术许可活动的奖酬金提取和发放，仍按照《上海市促进科技成果转化条例》等有关规定执行。该规定未对"三技"活动享受的奖励比例加以限制，相关流程类似科技成果转化奖励实施流程，且明确"按照本规定提取和发放的奖酬金，不受单位核定的绩效工资总量限制"。

4.4.2.3　福建省

福建省明确将技术开发、咨询、服务、培训视同科技成果转化，并进一步将科技成果分为产权类成果、专有类成果、技术类成果，正面认定技术开发、咨询、服务、培训本质上都是科技成果转化。

2021 年 9 月，福建省科技厅、教育厅等四部门联合发布《关于进一步促进高校和省属科研院所创新发展政策贯彻落实的七条措施》，在完善科技成果转移转化激励措施方面的第四项，明确规定"高校、省属科研院所开展技术开发、技术咨询、技术服务、技术培训等活动取得的净收入视同科技成果转化收入，可留归本单位自主使用，并按照促进科技成果转化政策规定实施奖励"。该文件规定："本条款所指科技成果主要包括：经鉴定或评审（价）的科技成果、专利权……受知识产权法律法规保护的产权类成果，动植物育种材料、技术秘密、技术标准、试验数据等属于单位科技秘密的专有类成果，以及信息咨询、检验检测等可以通过技术服务取得收益的技术类成果。"

2022 年 2 月，福建省人民政府印发《福建省高等院校和科研院所科技成果转化综合试点实施方案》，在落实以增加知识价值为导向的分配政策方面明确规定："试点单位实施科技成果转化，包括开展技术转让、技术许可、技术开发、技术咨询、技术服务等活动，按规定对完成、转化该项科技成果作出重要贡献人员给予的现金奖励，计入所在单位绩效工资总量，但不受核定的绩效工资总量限制，不作为人社、财政部门核定单位下一年度绩效工资总量的基数，不作为社会保险缴费基数。"

4.4.3 科研机构、高等院校具体管理办法实例

对于科研机构、高等院校来说，技术开发、咨询、服务既是横向项目，可以适用常规的横向经费管理规定，也可以认定为科技成果转化项目，适用科技成果转化激励政策。根据笔者在本书撰写期间查阅的公开资料，部分科研机构、高等院校在利用上述两种政策激励技术开发、咨询、服务时的做法也有所不同。本书根据将技术开发、咨询、服务视作科技成果转化的不同程度，简要介绍个别典型案例。需要说明的是，相关单位后续可能根据国家有关政策进行调整，笔者仍以现有公开资料为依据。

4.4.3.1　北京理工大学

北京理工大学将技术开发、咨询、服务作为横向项目，将技术开发、许可视作科技成果转化，前者执行一般横向经费管理规定，后者适用科技成果转化奖励政策。

2020 年 2 月，北京理工大学技术转移中心制定《北京理工大学科技成果转化实用手册（内部征求意见稿）》，在解释科技成果转化现金奖励时提出，科技成果转让、许可中所取得的转让费、许可费以及签订其他技术合同约定的产值提成等方式的现金收入，与常见的技术开发、技术服务、技术咨询类技术合同经费有本质区别，不可混为一谈。转让费、许可费和相关提成等，是基于科技成果所有人已取得的科技成果，双方商定的交易对价，国家法律明确将其中不低于 50% 的比例奖励给科研人员。而对于技术开发、咨询、服务合同经费而言，一般应有明确的经费预算（如测试分析费、实验设备费、劳务费、咨询费等），根据单位制定的相关管理办法列支。

4.4.3.2　中国科学院重庆绿色智能技术研究院

中国科学院重庆绿色智能技术研究院将技术开发、技术转让、技术咨询、技术服务均视为横向项目，虽然不支持在劳务费中列支项目参与人员绩效奖励，但支持在项目完成后申请科研奖励，且奖励比例（60%）高于科技成果转化奖励比例指导值（50%）。暂不清楚该科研奖励是否受绩效工资总额限制。

2017 年，中国科学院重庆绿色智能技术研究院出台《中国科学院重庆绿

色智能技术研究院横向科研项目经费管理办法》（科渝发资财字〔2017〕8号）。该办法明确规定，横向经费是指中国科学院重庆绿色智能技术研究院作为市场主体，通过与其他企事业单位签订技术开发、技术转让、技术咨询、技术服务等经济合同或协议（不限于以上内容），获得的除纵向经费以外的其他资金。横向科研项目在完成合同约定的任务目标，并足额列支直接支出后，可申请发放科研奖励，其中60%用于相关科研人员发放。

4.4.3.3 同济大学

同济大学将技术转让、技术开发、技术咨询、技术服务收入作为科技成果转化收入，可以选择按照科技成果转化奖励方式获取现金奖励，也可以选择以横向经费管理的方式提取转化收益。

2018年2月，同济大学修订《同济大学四技项目经费管理实施细则》（同济科〔2017〕10号），规定受企事业单位及个人委托开展的技术（知识产权）转让、技术开发、技术咨询、技术服务同是科技成果转化的形式（以下简称"四技项目"），其经费系科技成果转化的收入。但该实施细则未明确"四技项目"的奖励政策，仅明确"四技项目"的劳务费可作为项目参与人员的绩效补贴，不设置月度发放标准，不纳入绩效发放总额的计算。该实施细则还规定，知识产权转让根据《同济大学科技成果转移转化实施细则》（同济科〔2017〕6号）执行。同济大学另有科技成果转化收益相关规定。

2020年11月，同济大学出台《关于〈同济大学四技项目经费管理实施细则〉的说明》，进一步明确："学校制定《细则》，进一步鼓励科研人员在科技成果转化工作中开展技术开发、技术转让、技术咨询、技术服务等活动"；"'四技项目'经费扣除成本后的净收益可用作对项目参与人员的奖励，学校单列'成果转化奖励'条目。奖励金额由项目负责人按照项目组成员的贡献进行分配，不设置限额，不纳入学校在编人员年度绩效发放总额的计算"。

2021年9月，同济大学修订印发《同济大学科技成果转化管理办法》（同济科〔2021〕7号），规定科技成果转化方式包括转让、许可、共同实施转化、作价投资和国家允许的其他转化方式，并明确规定："成果完成人按照国家相关规定获取转化收益奖励。获取转化收益的方式可以选择以现金的方式获取转化收益；也可以选择横向经费管理的方式提取转化收益，具体使用参照《同济大学横向项目经费管理实施细则》执行。"

4.5 认定要点

基于前述政策梳理，我们认为，不论是从技术开发、咨询、服务本身的科学内涵来看，还是从引导激励科研人员促进科技成果转化来看，技术开发、咨询、服务作为科技成果转化链条中的重要一环，适用科技成果转化相关激励政策已逐渐得到国家法律法规体系的普遍确认。国家政策正逐渐放宽对技术开发、咨询、服务适用科技成果转化激励政策范围的限制，为科研机构、高等院校在实际操作中提供了更清晰的政策指导。

在实践中，为引导技术开发、咨询、服务贯彻落实国家促进科技成果转化指导思想与精神实质，科研机构、高等院校等单位科技成果转化管理者应谨守初心，在将技术开发、咨询、服务认定为科技成果转化事项时，兼顾经济属性和技术属性两个维度，以增加科研活动的广度和深度，有效发挥科技潜能，加速科技成果转化、应用以及推广为导向，激励科研人员利用技术知识和科研能力解决特定技术难题，助力现实生产力提升，为经济和社会发展提供高质量技术支撑。科研机构技术开发、咨询、服务类科技成果转化认定维度如图4-5所示。

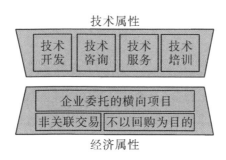

图4-5 科研机构技术开发、咨询、服务类科技成果转化认定维度

4.5.1 经济属性认定

技术开发、咨询、服务的经济属性是指该类活动应面向社会开展，着眼技术的推广与应用，以市场为导向，遵循自愿、互利、公平、诚实信用的原

则，有效对接产业、企业需求，实现技术与经济利益的转化与分享，真正促进科技成果转化为现实生产力。

在实际操作中，技术开发、咨询、服务类科技成果转化的经济属性认定与科研机构实际情况密切相关，通常希望进一步规范服务类科技成果转化行为，也希望提升科技成果转化质量。在实际管理过程中，科研机构应结合实际，明确易操作的认定规则，防范将技术开发、技术服务、技术咨询的科技成果转化奖励政策，用于谋取私利、搞利益输送的风险。

科研机构应以技术开发、咨询、服务"面向企业开展"为遵循，强调社会需求和经济产出，着重厘清技术开发、咨询、服务类科技成果转化对象边界。科研机构应通过进一步阐释"面向企业开展"的内涵，深刻把握技术开发、咨询、服务在促进科技成果转化中的作用实质，将机构内部协作与为社会提供服务区别开来，将为政府部门、军队提供服务与为外部企业提供服务区别开来，将实施转化与产品回购区分开来，推动技术开发、咨询、服务有效对接产业、企业需求，推动技术转化为现实生产力和经济效益。

4.5.1.1　仅限接受企业委托的横向项目

我国科技成果转化鼓励以企业为主体，科研机构、高等院校科技成果转化活动应主要面向社会开展，聚焦将科技成果向企业转移转化，推动产学研深度融合，助力现实生产力的提升。

2022年10月，习近平总书记在中国共产党第二十次全国代表大会上强调："加强企业主导的产学研深度融合，强化目标导向，提高科技成果转化和产业化水平。"

全国人大常委会法制工作委员会社会法室编著的《中华人民共和国促进科技成果转化法解读》针对2015年修订的《中华人民共和国促进科技成果转化法》第三条的立法背景解释道，我国建设社会主义市场经济体制，科技成果转化活动首先是市场活动，而企业是市场经济的主体，科技成果转化最终以企业为载体，作用于市场，应遵循市场经济基本规律，强化企业在科技成果转化中的主体作用。

《中华人民共和国促进科技成果转化法》第十七条明确规定："国家鼓励研究开发机构、高等院校采取转让、许可或者作价投资等方式，向企业或者其他组织转移科技成果。"全国人大常委会法制工作委员会社会法室编著的《中华人民共和国促进科技成果转化法解读》针对该条款进一步解读道，鼓励研究开发机构、高等院校通过技术转移方式开展科技成果转化，从研究开发机构、高等院校的功能来看，其主要职责是从事科技研发以及知识的创新、传播等，在很大程度上体现出国家意志和社会公益的职能，与市场经济条件下的竞争主体具有很大区别。促进研究开发机构、高等院校的科技成果转化，主要从促进技术转移和建立技术转移机制入手，鼓励这些机构通过技术转让、许可、作价投资等方式将科技成果转移给能够创造市场价值的企业和其他组织，最终实现科技成果转化为现实生产力。

事实上，科技成果转化奖励政策更多针对来自企业的横向项目。例如，2021年，《人力资源社会保障部 财政部 科技部关于事业单位科研人员职务科技成果转化现金奖励纳入绩效工资管理有关问题的通知》（人社部发〔2021〕14号）第三条规定："对于接受企业或其他社会组织委托取得的项目，经费纳入单位财务统一管理，由项目承担单位按照委托方要求或合同约定管理使用。其中属于科研人员在职务科技成果转化工作中开展技术开发、技术咨询、技术服务等活动的，项目承担单位可根据实际情况，按照《技术合同认定登记管理办法》规定到当地科技主管部门进行技术合同登记，认定登记为技术开发、技术咨询、技术服务合同的，项目承担单位按照促进科技成果转化法等法律法规给予科研人员的现金奖励，按照本通知第一条规定执行。不属于职务科技成果转化的，从项目经费中提取的人员绩效支出，应在核定的绩效工资总量内分配，纳入单位绩效工作总量管理。"

以上表述表明，适用该通知规定的项目范围为"接受企业或其他社会组织委托取得的项目"，即科研机构取得的横向任务，不包括政府购买服务、政府采购以及从政府部门、军队取得的纵向科研项目等。事实上，对于科研机构和高等院校等事业单位来说，大多数纵向项目属于国家赋予的职责，竞争性明显低于从企业获取的项目。关于政府、军队科研项目的经费管理，国家均有相关规定。在实际操作中，科研机构和高等院校须严格将为政府部门、军队提供服务与为外部企业提供服务区别开来。

但是，并非所有横向任务均属于职务科技成果转化，需要进一步进行技术合同认定，经认定为技术开发、技术咨询、技术服务合同的，方能按照《中华人民共和国促进科技成果转化法》有关规定实施奖励。

4.5.1.2 从严认定关联交易

关联交易本身是一种中性交易，不具有道德判断的意义，但因关联方的特殊关系，易被用于谋取不当利益。由于技术开发、咨询、服务以协议定价为主，缺少市场监督，协议定价和关联交易叠加，更易产生利益输送或舞弊情形。

关联交易被区分对待在技术转让相关优惠政策上已早有体现。例如，《财政部 税务总局关于居民企业技术转让有关企业所得税政策问题的通知》（财税〔2010〕111 号）第四条明确规定："居民企业从直接或间接持有股权之和达到 100% 的关联方取得的技术转让所得，不享受技术转让减免企业所得税优惠政策。"该规定剔除的即是母公司与子公司之间的关联交易。

科研机构和高等院校在将技术开发、咨询、服务工作认定为科技成果转化事项时，尤其是涉及使用激励和优惠政策时，应严格从促进科技成果转化实质上把握，根据单位实际情况，在将关联交易作为一般横向管理的基础上，以真正面向企业、支持技术产业化为准绳，以服务经济社会发展为导向，从严认定，堵塞关联交易风险漏洞。

当然，科研机构和高等院校也不应采用"一刀切"的方式，将关联交易全部排除在外。如果交易背景是关联方以协作方式，共同向非关联的其他单位实施科技成果转化，即技术开发、技术服务、技术咨询的实际转化对象是外部非关联方，则相关工作仍应视为科技成果转化事项。

4.5.1.3　特别关注以回购产品为目的的转化

实际工作中存在一种特殊的科技成果转化情形，即一些单位基于技术知识或科技成果，向其他企事业单位提供的技术开发、咨询、服务，以向其回购利用该技术开发、咨询、服务形成的产品为主要目的。也就是说，单位实施科技成果转化，并非定位于将产品投入广泛市场，而是旨在利用其他企业的能力为本单位提供支撑配套。

在此情形下，技术开发、咨询、服务的最终买方实际上仍是最初的提供方。若回购的产品将技术开发、咨询、服务列入产品成本，则在一定程度上提高了产品价格，存在虚列成本的风险漏洞。

科研机构、高等院校应在使用上述特殊方式完成国家任务，尤其是国防任务时，强化经费使用管理监督，谨慎对以回购产品为目的的技术开发、咨询、服务实施科技成果转化奖励。

4.5.2 技术属性认定

技术开发、咨询、服务类科技成果转化的技术属性是指技术开发、咨询、服务应聚焦明确的科学技术目标或针对特定技术项目、技术问题，具备科技创新要求和技术含量。

技术属性认定应主要基于《中华人民共和国民法典》第三编第二十章"技术合同"中的定义，依据《技术合同认定登记管理办法》（国科发政字〔2000〕063 号）、《技术合同认定规则》（国科发政字〔2001〕253 号）对技术合同认定范围、标准做出的具体、明确的规定，对技术开发、技术咨询、技术服务和技术培训从定义、认定条件、正向列举和反方向列举四个方面具体化技术开发、咨询、服务的技术属性和创新要求，并将认定规则贯穿技术开发、咨询、服务类科技成果转化管理全过程，通过单位内部审核和外部技术合同认定登记，层层把关，协同推动技术开发、咨询、服务真正体现技术性和创新性。

2019 年 4 月，为适应新形势下技术市场管理工作和科技成果转移转化的新需求，科学技术部火炬高技术产业开发中心印发《关于开展〈技术合同认定登记管理办法〉修订工作的通知》（国科火字〔2019〕117 号），拟对技术合同认定相应条款进行修订、补充和完善。2020 年 12 月，科学技术部火炬高技术产业开发中心对外发布《技术合同认定登记管理办法（征求意见稿）》《技术合同认定登记规则（征求意见稿）》。其中，《技术合同认定登记规则（征求意见稿）》对技术开发、技术咨询、技术服务、技术培训的项目认定范围和不予认定情形做了一些更新。科研机构和高等院校应在实际操作过程中，密切关注规则修订进展，并结合现行认定规则和拟修订的认定规则，从严认定。

4.5.2.1 技术开发的技术属性

（1）技术开发现行认定规则。《技术合同认定规则》第二章"技术开发合同"明确了技术开发合同的认定条件和项目范围。

《技术合同认定规则》第二十一条规定："技术开发合同的认定条件是：（一）有明确、具体的科学研究和技术开发目标；（二）合同标的为当事人在订立合同时尚未掌握的技术方案；（三）研究开发工作及其预期成果有相应的技术创新内容。"

《技术合同认定规则》第二十三条从正面列举了技术开发合同的项目范围，明确规定："下列各项符合本规则第二十一条规定的，属于技术开发合同：（一）小试、中试技术成果的产业化开发项目；（二）技术改造项目；（三）成套技术设备和试验装置的技术改进项目；（四）引进技术和设备消化、吸收基础上的创新开发项目；（五）信息技术的研究开发项目，包括语言系统、过程控制、管理工程、特定专家系统、计算机辅助设计、计算机集成制造系统等，但软件复制和无原创性的程序编制的除外；（六）自然资源的开发利用项目；（七）治理污染、保护环境和生态项目；（八）其他科技成果转化项目。"

关于技术开发的认定条件，笔者认为，技术开发合同需同时符合技术目标明确、技术方案尚未掌握、预期成果有技术创新内容三个条件。三者均明确围绕具体技术，且缺一不可。如果技术目标不明确，则属于自由探索；如果技术方案已掌握，则无需开发；如果无技术创新内容，则是常规性的技术支持、技术应用活动。

关于列举的技术开发项目范围，笔者认为，该项目范围实际上是通过正面引导，帮助科研人员明晰如何实施技术开发，即基于已有的科技成果或技术能力，可以通过哪些方式进一步推进科技成果转化。一方面，从科技成果转化过程来看，科研人员可以基于技术进一步开展小试、中试、技术改造、技术改进，推进技术走向产品、设备、装备；另一方面，从技术应用领域来看，科研人员可以利用创新能力和技术成果，开展信息技术、自然资源开发利用、治理污染等国家重大需求领域的应用项目，将科研能力用于解决实际的技术问题。

（2）技术开发现行不予认定的情形。《技术合同认定规则》第二章"技术开发合同"在多项条款中明确了不予认定为技术开发的具体情形，均是从反面对认定条件和项目范围的进一步阐释。

《技术合同认定规则》第二十二条规定："单纯以揭示自然现象、规律和特征为目标的基础性研究项目所订立的合同，以及软科学研究项目所订立的合同，不予登记。"

《技术合同认定规则》第二十三条在列举技术开发项目范围时，规定"软件复制和无原创性的程序编制的除外"，并补充指出"前款各项中属一般设备维修、改装、常规的设计变更及其已有技术直接应用于产品生产的，不属于技术开发合同"。

《技术合同认定规则》第二十四条从反面列举了不属于技术开发的具体活动内容，包括："（一）合同标的为当事人已经掌握的技术方案，包括已完成产业化开发的产品、工艺、材料及其系统；（二）合同标的为通过简单改变尺寸、参数、排列，或者通过类似技术手段的变换实现的产品改型、工艺变更以及材料配方调整；（三）合同标的为一般检验、测试、鉴定、仿制和应用。"

笔者认为，《技术合同认定规则》第二十二条规定中的纯基础性研究，技术目标不明确；软科学研究项目虽然可能运用科学知识和技术手段，但不以具体技术开发、形成新技术为目标。《技术合同认定规则》第二十三条规定中的"软件复制""一般设备维修、改装、常规的设计变更"明显不存在技术创新内容，"已有技术直接应用于产品生产的"则属于已掌握技术方案，均不符合第二十一条明确的认定条件。第二十四条规定列示了不符合第二十一条认定条件的具体项目活动，为实际认定工作提供了更加清晰明了的指导。

（3）技术开发拟修订的认定规则。《技术合同认定登记规则（征求意见稿）》第二章"技术开发合同"第二十四条规定，符合技术合同认定条件的下列各项属于技术开发合同："（一）具有应用前景的基础研究；（二）小试、中试技术成果的产业化开发；（三）成套设备和试验装置等技术改造；（四）引进技术和设备消化、吸收基础上的创新开发；（五）人工智能、网络技术等信息技术的研究开发；（六）自然资源的开发利用；（七）环境保护和生态平衡、节能减排、污染治理的研究开发；（八）有技术开发内容的非标设计、工业设计、创意设计、技术标准研究与制订等；（九）植物新品种、生物、医药新品种的研究开发；（十）有技术创新内容的工程技术开发；（十一）其他技术的研究开发。"

与《技术合同认定规则》第二十三条相比，拟修订的条款，除合并部分性质相近项目，增加人工智能、节能减排等新兴项目内容以外，以下改动值得密切关注：

一是拟将"具有应用前景的基础研究"增加至技术开发项目范围，区别于不予认定的"单纯以揭示自然现象、规律和特征为目标的基础研究"。该修订清晰区分了纯基础研究和应用基础研究，一定程度上扩大了技术开发项目范围，将科技成果开发的链条进一步向前推进。事实上，科学界逐渐认识到，基础研究不完全是以科学发现为目的的纯基础研究，也有一些基础研究是受应用前景驱动的，即应用基础研究。例如，图灵为研究先进的计算设备，提出了现代计算机原理；钱学森等受我国高超声速飞行器的需求牵引，潜心从事高超声速飞行技术的应用基础研究。正如哈尔滨工业大学徐勇在《新时期应用基础研究的定位、思考及政策建议》一文中所述，应用基础研究具有将基础理论与应用相连接的桥梁作用，是基础研究转化为生产力的重要纽带。在全球高科技产业竞争白热化、技术更新迭代的当下，应用基础研究对国家高科技产业的牵引作用越来越凸显。上述条款的修订，有利于在科技研发活动迈向"高、精、尖"的快车道之际，通过鼓励应用基础研究，增强我国技术研发基础，促进技术进步。

二是进一步丰富了技术开发项目的工作领域。例如，"（八）有技术开发内容的非标设计、工业设计、创意设计、技术标准研究与制订等；（九）植物新品种、生物、医药新品种的研究开发；（十）有技术创新内容的工程技术开发"。以上修订，将技术开发范围拓展至工业设计、标准制定、医药新品种开发、工程技术开发等领域，补充了从技术到产品的更多环节，丰富了科技人员转移转化科技成果的方式。

与此同时，《技术合同认定登记规则（征求意见稿）》在第二章"技术开发合同"第二十五条对不予认定为技术开发合同的情形进行了汇总（此前分散在各个条款中），与《技术合同认定规则》第二十四条相比，对部分条款进行了简化，增加了对"软件产品销售"的限制。但在新修订的规则正式印发以前，科研机构和高等院校应在实际操作中，结合现行认定规则和拟修订的认定规则，从严认定。例如，技术开发不包括以下情形：

①标的为当事人已经掌握的技术方案，包括已完成产业化开发的产品、工艺、材料及其系统。

②标的为通过简单改变尺寸、参数、排列，或者通过类似技术手段的变换实现的产品改型、工艺变更以及材料配方调整。

③标的为一般检验、测试、鉴定、仿制和应用。

④标的为一般设备维修、改装、常规的设计变更及其已有技术直接应用于产品生产。

⑤单纯以揭示自然现象、规律和特征为目标的基础性研究项目以及软科学研究项目。

⑥软件复制和软件产品销售。

4.5.2.2 技术咨询的技术属性

（1）技术咨询现行认定规则。《技术合同认定规则》第四章"技术咨询合同"明确了技术咨询合同的认定条件和项目范围。

《技术合同认定规则》第三十四条规定："技术咨询合同的认定条件是：（一）合同标的为特定技术项目的咨询课题；（二）咨询方式为运用科学知识和技术手段进行的分析、论证、评价和预测；（三）工作成果是为委托方提供科技咨询报告和意见。"

《技术合同认定规则》第三十五条从正面列举了技术咨询合同的项目范围，规定："下列各项符合本规则第三十四条规定的，属于技术咨询合同：（一）科学发展战略和规划的研究；（二）技术政策和技术路线选择的研究；（三）重大工程项目、研究开发项目、科技成果转化项目、重要技术改造和科技成果推广项目等的可行性分析；（四）技术成果、重大工程和特定技术系统的技术评估；（五）特定技术领域、行业、专业技术发展的技术预测；（六）就区域、产业科技开发与创新及特定技术项目进行的技术调查、分析与论证；（七）技术产品、服务、工艺分析和技术方案的比较与选择；（八）专用设施、设备、仪器、装置及技术系统的技术性能分析；（九）科技评估和技术查新项目。"

关于认定条件，笔者认为，其一，合同标的应为特定技术项目的咨询课题，即咨询工作需要限于"特定技术项目"，并非宽泛地开展咨询。其二，运用科学知识和技术手段进行分析、论证、评价和预测，即实质上仍是以咨询方式对科学技术知识进行应用、推广。其三，工作成果要求是科技咨询报告和意见，这是对工作成果类型的规定，也是区别于技术开发、技术服务、技术培训的典型特征。

关于列举的技术咨询项目范围，笔者认为，这是对咨询方式的细化，即结合实际场景，进一步阐释如何运用科学知识和技术手段进行分析、论证、评价和预测。从列举的项目范围来看，一方面，技术咨询的研究对象层次多样，可以聚焦发展战略和规划、技术政策和路线，也可以聚焦具体技术项目、技术成果、技术产品、技术方案、专用设施、技术系统等；另一方面，技术咨询的工作形式多样，包括战略研究、可行性分析、技术评估、技术预测、技术调查分析与论证、方案比较、技术性能分析等。

关于技术咨询各种工作方式如何推动技术转化，可以参考尹锋林在《科研能力转化、科技成果转化与知识产权运用》一书中对技术咨询具体方式做的解释。例如，可行性论证是指对项目的技术先进性和经济合理性进行综合分析和论证，以期达到最佳经济效果的工作方法。可行性论证一般分为机会研究、初步可行性研究和技术经济可行性研究三个阶段。现代可行性论证的关键问题往往在于对技术的成熟性、经济的合理性、技术的应用范围和条件、预期的经济效益和社会效益做出正确的分析与评价。技术预测是为了实现某种技术目的，根据已有技术知识，对如何实施和控制事件过程进行的预先计算或断定。技术预测是技术实现过程中的隐含推动者。专题技术调查是指对某项特定技术从技术、经济等方面开展的检索、调研和分析活动。

（2）技术咨询现行不予认定的情形。《技术合同认定规则》第四章"技术咨询合同"在多项条款中明确不予认定为技术咨询的具体情形，从反面对认定条件和项目范围做出进一步阐释。

《技术合同认定规则》第三十六条规定："申请认定登记的技术合同，其标的为大、中型建设工程项目前期技术分析论证的，可以认定为技术咨询合同。但属于建设工程承包合同一部分、不能独立成立的情况除外。"

《技术合同认定规则》第三十七条规定："就解决特定技术项目提出实施方案，进行技术服务和实施指导所订立的合同，不属于技术咨询合同。"

《技术合同认定规则》第三十八条规定："下列合同不属于技术咨询合同：（一）就经济分析、法律咨询、社会发展项目的论证、评价和调查所订立的合同；（二）就购买设备、仪器、原材料、配套产品等提供商业信息所订立的合同。"

笔者认为，《技术合同认定规则》第三十六条的规定强调了技术咨询的独立性。技术咨询合同若无法独立于建设工程承包合同而成立，则不能单独作为技术咨询。《技术合同认定规则》第三十七条的规定是技术咨询与技术服务的区别，符合条件的技术咨询还可以认定为技术服务，仍是科技成果转化的方式之一。《技术合同认定规则》第三十八条的规定是根据认定条件剔除不符合的项目，其中经济分析侧重经济数据、资源配置、经济规律分析，法律咨询侧重运用法律知识，社会发展项目主要运用社会科学的研究方法（如调查研究、文献分析、实验、实地研究等）。不以运用科学知识和技术手段为主，而以销售为目的提供商业信息，则未针对委托方特定技术项目提供咨询。

（3）技术咨询拟修订的认定规则。在《技术合同认定登记规则（征求意见稿)》中，第四章"技术咨询合同"规定的技术咨询相关认定条件、项目范围和不予认定的情形基本不变，主要是文字表述的完善。例如，在第三十四条的项目认定范围中，一是将"（一）科学发展战略和规划的研究"修改为"（一）科学发展战略和规划等软科学研究"。该表述采用了科研机构、高等院校常用的"软科学研究"一词。实际认定还可以参考 2020 年《最高人民法院关于审理技术合同纠纷案件适用法律若干问题的解释》对《中华人民共和国民法典》第八百七十八条第一款所称"特定技术项目"的解释，即特定技术项目包括有关科学技术与经济社会协调发展的软科学研究项目，促进科技进步和管理现代化、提高经济效益和社会效益等运用科学知识和技术手段进行调查、分析、论证、评价、预测的专业性技术项目。二是将"科技成果转化项目"修改为"科技成果推广和转化项目"，进一步延伸科技成果转化链条，将致力于科技成果推广的项目纳入认定范围。

4.5.2.3　技术服务的技术属性

（1）技术服务现行认定规则。《技术合同认定规则》第五章"技术服务合同"明确了技术服务合同的认定条件和项目范围。其中：

《技术合同认定规则》第四十条规定："技术服务合同的认定条件是：（一）合同的标的为运用专业技术知识、经验和信息解决特定技术问题的服务性项目；（二）服务内容为改进产品结构、改良工艺流程、提高产品质量、降低产品成本、节约资源能耗、保护资源环境、实现安全操作、提高经济效益和社会效益等专业技术工作；（三）工作成果有具体的质量和数量指标；（四）技术知识的传递不涉及专利、技术秘密成果及其他知识产权的权属。"

《技术合同认定规则》第四十一条从正面列举了技术服务合同的项目范围，明确规定："下列各项符合本规则第四十条规定，且该专业技术项目有明确技术问题和解决难度的，属于技术服务合同：（一）产品设计服务，包括关键零部件、国产化配套件、专用工模量具及工装设计和具有特殊技术要求的非标准设备的设计，以及其他改进产品结构的设计；（二）工艺服务，包括有特殊技术要求的工艺编制、新产品试制中的工艺技术指导，以及其他工艺流程的改进设计；（三）测试分析服务，包括有特殊技术要求的技术成果测试分析，新产品、新材料、植物新品种性能的测试分析，以及其他非标准化的测试分析；（四）计算机技术应用服务，包括计算机硬件、软件、嵌入式系统、计算机网络技术的应用服务，计算机辅助设计系统（CAD）和计算机集成制造系统（CIMS）的推广、应用和技术指导等；（五）新型或者复杂生产线的调试及技术指导；（六）特定技术项目的信息加工、分析和检索；（七）农业的产前、产中、产后技术服务，包括为技术成果推广，以及为提高农业产量、品质、发展新品种、降低消耗、提高经济效益和社会效益的有关技术服务；（八）为特殊产品技术标准的制订；（九）对动植物细胞植入特定基因、进行基因重组；（十）对重大事故进行定性定量技术分析；（十一）为重大科技成果进行定性定量技术鉴定或者评价。"

关于技术服务认定条件，笔者认为，四个条件是从不同角度进一步辨析技术服务。其中，第一项要求技术服务应运用专业技术知识、经验和信息解决特定技术问题，即技术服务在工作性质上属于专业技术知识、经验和信息的应用活动。第二项要求技术服务通过专业技术工作取得有益改进或正向效益，即技术服务工作要有创新结果。第三项明确了技术服务活动的衡量方法，即可以通过成果是否能用质量和数量指标衡量，来与其他活动进行区分，尤其是与技术咨询进行区分（技术咨询成果是咨询报告，不对标具体的质量或数量指标）。第四项是强调技术服务传递的技术知识不涉及知识产权的转移，若涉及专利、专有技术或其他科技成果权属的转移，则应归属为技术转让活动。

关于第四十一条列举的技术服务项目范围，笔者认为，值得注意的是，技术服务项目均应以"有明确技术问题和解决难度"为基本前提，如果不针对解决具体问题，则是常规性的技术应用；如果问题没有解决难度，则工作内容不涉及创新。虽然该规定列举的技术服务项目范围涉及广泛的领域，但共同点是均对特殊性和创新性有明确的要求。例如，对产品设计服务、工艺服务、测试分析服务，均要求具有特殊技术要求，或者针对新产品、新材料、新品种、非标准设备，或者有其他改进。

（2）技术服务现行不予认定的情形。《技术合同认定规则》第五章"技术服务合同"在多项条款中明确了不予认定为技术服务的具体情形，从反面对认定条件和项目范围做出进一步阐释。

《技术合同认定规则》第四十一条在列出项目范围后，进一步明确，"前款各项属于当事人一般日常经营业务范围的，不应认定为技术服务合同"。

《技术合同认定规则》第四十二条规定："下列合同不属于技术服务合同：（一）以常规手段或者为生产经营目的进行一般加工、定作、修理、修缮、广告、印刷、测绘、标准化测试等订立的加工承揽合同和建设工程的勘察、设计、安装、施工、监理合同。但以非常规技术手段，解决复杂、特殊技术问题而单独订立的合同除外。（二）就描晒复印图纸、翻译资料、摄影摄像等所订立的合同；（三）计量检定单位就强制性计量检定所订立的合同；（四）理化测试分析单位就仪器设备的购售、租赁及用户服务所订立的合同。"

笔者认为，《技术合同认定规则》第四十一条的补充规定，明确要求技术服务项目不能仅是单位的一般性、日常性的业务工作，即不能将以常规方式开展的、重复性的、批量性的日常工作视为技术服务。结合《技术合同认定规则》第四十二条第一款的规定，这类一般日常经营业务，应属于以常规手段或为生产经营目的进行的承揽合同。《技术合同认定规则》第四十二条实质上是从反面详细列举了诸多一般性的服务工作。例如，复印、翻译、摄像等服务内容，不涉及改进或提升效益；强制性计量检定通常是执行计量检定单位的标准化测试分析；理化测试分析单位提供的用户服务通常是基于已有仪器设备按照常规流程进行测试分析。

（3）技术服务拟修订的认定规则。《技术合同认定登记规则（征求意见稿)》第五章"技术服务合同"第三十八条对技术服务认定范围进行了一些更新，语言更加简洁。修订后的认定范围共包含十款："（一）产品设计服务、工艺服务、有特殊技术要求的测试分析服务等；（二）新技术的推广和应用服务；（三）新型或者复杂生产线的安装、调试及技术指导；（四）特定技术项目的信息加工、分析和检索；（五）农业的产前、产中、产后技术服务；（六）对重大事故进行定性或定量技术分析；（七）以非常规技术手段，解决复杂、特殊技术问题的建设工程勘察、设计、安装、施工等；（八）应对气候变化、防灾减灾的专业技术服务；（九）提高国家安全能力和公共安全水平的专业技术服务；（十）其他技术服务。"

与《技术合同认定规则》第四十一条相比，征求意见稿除整合产品设计服务、工艺服务、有特殊要求的测试分析服务外，以下修改值得关注：

一是将"计算机技术应用服务"替换为"新技术的推广和应用服务"。笔者认为，该修订是由于进入信息化时代后，计算机技术已成为被广泛应用的成熟技术，简单的计算机技术应用服务已不能直接纳入技术服务范围。修改为"新技术的推广和应用服务"，条款适用范围更广，但明确要求必须针对新技术，而非已广泛使用的成熟技术。

二是对新型或复杂生产线的技术服务内容，在调试和技术指导的基础上，新增"安装"工作。此前的认定范围限于新型或复杂生产线的调试及技术指导，修订后的内容将安装工作也纳入其中。这表明，科研机构、高等院校也可以通过技术服务帮助企业建立新的生产线，而非限于对企业已有生产线进行改进。此举有利于推动科研机构、高等院校积极与企业合作，直接参与到企业生产能力的提升中。

三是从正面将"以非常规技术手段，解决复杂、特殊技术问题的建设工程勘察、设计、安装、施工等"列入认定范围。该条款虽未增加项目认定范围，但不再从反面角度去描述。该修订符合当前实际，在高原、深山，需要以非常规技术手段解决工程建设中的问题，其具备创新内容，应当从正面加以引导。

四是增加"应对气候变化、防灾减灾的专业技术服务"和"提高国家安全能力和公共安全水平的专业技术服务"。相应增加的项目范围体现了国家当前关注的应用领域，是从正面引导科研机构、高等院校投入这些领域，提供专业技术服务。

五是删除"对动植物细胞植入特定基因、进行基因重组"。该项工作在大多数情况下已非简单的技术服务，如果涉及植物新品种、生物、医药新品种的研究开发，可按规定认定为技术开发活动。

值得说明的是，征求意见稿的认定规则第三十八条，未再补充要求"前款各项属于当事人一般日常业务范围的，不应认定为技术服务"，而是将"以常规手段进行""常规测试服务"等作为剔除项，在不予认定条款中进行强调。笔者认为，两种表述实质上均是在剔除基于常规手段、无创新内涵的服务。科研机构、高等院校应在实践中，始终严格遵守"前款各项属于当事人一般日常业务范围的，不应认定为技术服务"这一规定。

《技术合同认定登记规则（征求意见稿）》在第五章"技术服务合同"第三十九条列举了不予认定为技术服务合同的情形，包括："（一）以常规手段进行的建设工程和承揽合同；（二）强制性的计量检定服务；（三）仪器设备的购售、租赁和常规测试服务。"

与《技术合同认定规则》第四十二条相比，征求意见稿除简化语言描述外，第二款和第三款规定不再限定于计量检定单位和理化测试分析单位，只要属于强制性的计量检定服务和仪器设备的购售、租赁和常规测试服务，均不应作为技术服务。原"描晒复印图纸、翻译资料、摄影摄像等"已删除，该类工作的常规性基本已成为共识，无需再单独指出。

4.5.2.4　技术培训的技术属性

（1）技术培训现行认定规则与不予认定的情形。《技术合同认定规则》第六章"技术培训合同和技术中介合同"对技术培训认定条件、不予认定的情形予以明确规定。

《技术合同认定规则》第四十四条规定："技术培训合同的认定条件是：（一）以传授特定技术项目的专业技术知识为合同的主要标的；（二）培训对象为委托方指定的与特定技术项目有关的专业技术人员；（三）技术指导和专业训练的内容不涉及有关知识产权权利的转移。"

《技术合同认定规则》第四十六条规定："下列培训教育活动，不属于技术培训合同：（一）当事人就其员工业务素质、文化学习和职业技能等进行的培训活动；（二）为销售技术产品而就有关该产品性能、功能及使用、操作进行的培训活动。"

上述规定表明，技术培训的标的为"传授特定技术项目的专业技术知识"；培训对象为"委托方指定的与特定技术项目有关的专业技术人员"。虽然技术培训内容不涉及知识产权权利的转移，但技术培训必须以特定专业技术知识为基础，存在技术知识的传授和推广。普通的员工技能培训、素质培训不属于技术培训范畴。

值得注意的是，鉴于技术培训也是技术服务的一种，《技术合同认定规则》对技术服务的认定条件也适用于技术培训，如属于单位一般日常业务范围的培训，不应作为技术培训。

（2）技术培训拟修订的认定规则。在《技术合同认定登记规则（征求意见稿）》第五章"技术服务合同"第四十条对技术培训活动的定义和认定条件进行了更新，将培训对象修改为"委托方指定的与特定技术项目有关的专业技术人员或经营管理人员"。与《技术合同认定规则》第四十四条相比，征求意见稿增加了"经营管理人员"，不再局限于专业技术人员。该修订符合实际，经营管理人员掌握更多技术知识后，有利于改进生产管理。

本章聚焦科研机构、高等院校常见的技术开发、咨询、服务等其他科技成果转化方式，系统梳理了相关法律法规、政策文件以及典型的科研机构、高等院校具体管理措施，旨在厘清技术开发、咨询、服务的定义以及科技成

果转化的属性及相关激励政策的适用范围。本章从贯彻落实国家促进科技成
果转化指导思想与精神实质角度，从经济属性和技术属性两个维度，详细阐
述了将技术开发、咨询、服务认定为科技成果转化事项的工作建议，希望能
解除科研机构、高等院校等事业单位在技术开发、咨询、服务合理合规适用
科技成果转化激励政策方面的疑虑，为具体认定技术开发、咨询、服务类科
技成果转化提供参考。

5

科技成果转化实施的流程

5.1　制度准备

5.1.1　通行要求

《国务院关于印发实施〈中华人民共和国促进科技成果转化法〉若干规定的通知》（国发〔2016〕16号）规定："国家设立的研究开发机构、高等院校应当建立健全技术转移工作体系和机制，完善科技成果转移转化的管理制度，明确科技成果转化各项工作的责任主体，建立健全科技成果转化重大事项领导班子集体决策制度，加强专业化科技成果转化队伍建设，优化科技成果转化流程。"

一般来说，单位应完善科技成果转移转化的管理制度，建立适合本单位特点的科技成果转化流程，按照流程组织实施科技成果转化。

科技成果转化流程一般包括：

（1）转化申请。

（2）合作洽谈。

（3）成果定价。

（4）决策审批。

（5）合同签订。

（6）合同执行。

（7）公示及异议处理等。

5.1.2　国防工业科技成果转化的制度要求

2021年5月，为贯彻落实国家创新驱动发展战略，加快推进国防工业科技成果向民用领域转化，充分发挥国防工业科技成果的溢出效应，国防科工局会同财政部、国资委，制定印发了《促进国防工业科技成果民用转化的实施意见》，以期响应党的十九届五中全会"大幅提高科技成果转移转化成效"有关要求，为推动形成以国内大循环为主体、国内国际双循环相互促进的新发展格局贡献军工力量。

该实施意见主要针对国防科技成果向民用领域转化应用。所称"国防工业科技成果"是指军工集团公司（含中国工程物理研究院，下同）、高等院校、国有民口配套与科研单位、地方军工单位在国防科研生产中产生的涉密及非涉密科技成果（包括专利技术、计算机软件著作权、集成电路布图设计专有权、生物医药新品种、科学技术奖励等）。

对涉密国防科技成果向民用领域转化应用，其转化实施流程与普通科技成果转化相比，还包括解密要求。解密要求如下：

（1）国防工业科技成果完成单位应按照保密工作程序，对符合解密条件的国防工业科技成果进行解密后实施转化。未经解密的国防工业科技成果不得向民用领域转化。

（2）国务院国防科技工业主管部门组织开展涉及国家秘密的国防工业科技成果的解密工作，组织征集并发布拟解密的国防工业科技成果清单，国防工业科技成果完成单位应按保密工作程序在规定期限内对清单中涉及的科技成果研究解密。

5.2　转化申请

国家设立的研究开发机构、高等院校对其持有的科技成果，可以自主决定转让、许可或者作价投资，除涉及国家秘密、国家安全外，不需审批或者备案。

但是，在科研单位、高等院校等实际操作中，部分单位以提出转化申请作为科技成果转化的启动流程。在除明确已将科技成果所有权或长期处置权赋予科技人员的情形外，科技成果作为职务成果，单位有开展成果转化的职责，也有监督转化情况的需求。转化申请的提出可以有两类主体：一类是转化申请主要由承担转化职责的职能部门提出，另一类由科研团队提出。

单位在统筹和确认转化申请时，主要的衡量因素是申请转化的科技成果是否属于单位的核心竞争力、转化后是否对单位发展产生影响。这类利益平衡问题在以教学任务为主的高等院校中较少出现，但在很多任务型科研单位中需要高度关注。

5.3　合作方选择

在科技成果转化实施流程中，合作方的选择往往是决定转化结果的关键环节，其影响会覆盖到整个转化过程，包括后期转化企业发展的全生命周期。

按照科技成果转化方式的不同，合作方的类型也会不同。在技术许可、技术转让方式中，合作方一般在产业方或用户场景单位中选择。在技术作价入股方式下，如果科技人员离岗创业设立转化公司，则合作方主要是各类风险投资机构。

5.3.1　合作方类别

5.3.1.1　企业与技术创新联盟

企业是产业界的主体。与科技人员离岗创业相比，科技成果转化更为常见的合作方是有技术创新需求的企业。在高质量发展阶段，企业对科技资源和成果的要求越来越高。外部技术资源更是企业研发创新的源头活水。《中华人民共和国科技成果转化促进法》第二十二条规定："企业为采用新技术、新工艺、新材料和生产新产品，可以自行发布信息或者委托科技中介服务机构征集其所需的科技成果，或者征寻科技成果转化的合作者。"该法第二十四条规定："对利用财政资金设立的具有市场应用前景、产业目标明确的科技项目，政府有关部门、管理机构应当发挥企业在研究开发方向选择、项目实施和成果应用中的主导作用，鼓励企业、研究开发机构、高等院校及其他组织共同实施。"

产学研合作是技术创新的重要途径，也是科技成果转化障碍小、效率高的方式。《中华人民共和国科技成果转化促进法》第二十五条规定："国家鼓励研究开发机构、高等院校与企业相结合，联合实施科技成果转化。"该法第二十六条规定："国家鼓励企业与研究开发机构、高等院校及其他组织采取联合建立研究开发平台、技术转移机构或者技术创新联盟等产学研合作方式，共同开展研究开发、成果应用与推广、标准研究与制定等活动。"

除少数科技人员离岗创业之外，科研单位主动寻求的合作伙伴，往往是行业内作为创新消费者的企业。如果在某一技术发展领域，科研单位与若干企业形成技术创新联盟，则有望形成较为持续的成果转化路径，开展较为持续的成果转化行为，持续合作推动行业内的技术进步。

5.3.1.2　创业投资机构与风险投资机构

在科技成果转化形成新的企业和成果转化企业孵化培育过程中，离不开投资机构，投资机构是科研方的重要合作伙伴。2022 年 4 月 29 日，习近平总书记主持中共中央政治局第三十八次集体学习时指出"资本具有逐利本性，如不加以规范和约束，就会给经济社会发展带来不可估量的危害"。这要求树立正确的价值观，要求资本为国家战略服务，为实体经济服务。通过科技与金融的结合来促进科技成果转化是资本服务实体经济的一个重要体现。

不同种类的资本在支持科技成果转化过程中的风险偏好机制、利益驱动机制、投入阶段是各不相同的，这使得不同资金支持方式对科技成果转化产生了不同影响。风险投资从其诞生之日起，从追求的目标与属性来看，就与科技成果转化有着强相关的契合性。其通过扶持企业快速成长，实现资本退出，从而获取回报。风险投资在促进企业创新产出、提升企业创新能力、推进创新战略方面都发挥了重要作用。

早期的各类政府背景的科技投资基金承担着服务技术转移项目企业化发展、缓解融资约束、促进企业成长与创新的职责。一般而言，政府牵引、院所支持、资方投资的孵化模式在各方互相配合下，对科技成果转化创业企业的孵化及后续发展具有有效的推动作用。

《中华人民共和国科技成果转化促进法》第三十八条规定："国家鼓励创业投资机构投资科技成果转化项目。国家设立的创业投资引导基金，应当引导和支持创业投资机构投资初创期科技型中小企业。"该法第三十九条规定："国家鼓励设立科技成果转化基金或者风险基金，其资金来源由国家、地方、企业、事业单位以及其他组织或者个人提供，用于支持高投入、高风险、高产出的科技成果的转化，加速重大科技成果的产业化。科技成果转化基金和风险基金的设立及其资金使用，依照国家有关规定执行。"

2021 年 10 月，财政部、科技部印发《国家科技成果转化引导基金管理暂行办法》，并自 2022 年 1 月 1 日起开始施行。中央财政设立国家科技成果转化引导基金（以下简称"转化基金"），目的是贯彻落实《中华人民共和国促进科技成果转化法》，加快实施创新驱动发展战略，加速推动科技成果转化与应用，引导社会力量和地方政府加大科技成果转化投入。

转化基金主要用于支持转化利用财政资金形成的科技成果，包括国家（行业、部门）科技计划、地方科技计划（专项、项目）及其他由事业单位产生的新技术、新产品、新工艺、新材料、新装置及其系统等。其资金来源为中央财政拨款、投资收益和社会捐赠。转化基金由财政部、科技部负责顶层设计、规划布局，制定转化基金管理制度，统筹负责转化基金管理运行、绩效管理和监督等工作。财政部履行转化基金出资人职责。科技部按规定批准设立子基金、管理子基金重大变史事项。科技部、财政部共同委托具备条件的机构（以下简称"受托管理机构"）负责转化基金的日常管理工作。

转化基金遵循引导性、间接性、非营利性和市场化原则，通过设立创业投资子基金（以下简称"子基金"）的方式支持科技成果转化。转化基金与符合条件的投资机构共同设立子基金，为转化科技成果的企业提供股权投资。子基金重点支持转化应用科技成果的种子期、初创期、成长期的科技型中小企业。

同时，国家鼓励地方政府投资基金与转化基金共同设立子基金，鼓励符合条件的创新创业载体参与设立子基金，加强投资和孵化协同，促进科技成果转化。

5.3.2   尽职调查

5.3.2.1   尽职调查的意义

尽职调查又称审慎性调查，是股权投资流程中必不可少的环节，一般是指投资人在与目标企业达成初步合作意向后，经协商一致，对企业的历史数据和文档、管理人员的背景、市场风险、管理风险、技术风险和资金风险做全面深入的审核。

商业投资中的尽职调查一般是投资者对被投资对象及原投资人的审核，反向尽职调查则恰恰相反。反向尽职调查的用途一般有两类：一类是被投资对象对新投资人（有投资意向的拟投资人）的一种调查，另一类是私募基金中基金合伙人（份额持有人）对基金管理人的一种调查。

在商业实践中，尽职调查比较普遍，但反向尽职调查却往往被投资者和被投资公司忽略。

不论尽职调查或反向尽职调查，鉴于科技成果转化效果与合作伙伴的选择紧密相关，仅一味听信拟合作伙伴的承诺、不慎重选择合作伙伴，往往在转化后期会带来各种挫折和障碍，甚至使得重要的科技成果不能真正在市场、行业中得以转化，不少科研单位或科研人员在技术创新中"起了个大早，赶了个晚集"也多与此相关。因此，在合同洽谈过程中，借鉴尽职调查或反向尽职调查，慎重把关拟合作对象，也是转化流程中的重要一环。

5.3.2.2 尽职调查的目的和内容

尽职调查的目的一般分为三个方面：价值调查、风险调查、投资可行性分析（见图5-1）。

价值调查
· 验证投资对象财务业绩的真实性
· 预测未来业务与财务情况，以此作为估值基础

风险调查
· 充分识别投资风险
· 在识别基础上评估各类风险
· 提出风险应对方案

投资可行性分析
· 明确投资的可操作性
· 提出投资操作时间规划

图 5-1　尽职调查的目的

根据目的不同，尽职调查主要可以分为业务尽职调查、财务尽职调查和法律尽职调查。组建尽职调查组往往以财务尽职调查机构或人员为基础，充分考虑纳入三方面的专业人士。在条件允许情况下，尽职调查也可以委托不同的专业机构完成。

（1）业务尽职调查的主要关注点。整个尽职调查工作的核心是业务尽职调查，财务、法律等方面的尽职调查都是围绕业务尽职调查展开的。业务尽职调查的主要关注点如下：

①企业基本情况、管理团队、产品或服务、市场、融资运用、风险分析等。

②企业从成立至调查时点的股权变更及相关工商变更情况。

③控股股东或实际控制人的背景。

④行业发展的方向、市场容量、监管政策、竞争态势、利润水平等情况。

⑤客户、供应商和竞争对手等。

（2）财务尽职调查的主要关注点。财务尽职调查重点关注的是标的企业过去的财务业绩情况，主要是为了评估企业存在的财务风险及投资价值。财务尽职调查的主要关注点如下：

①企业相关的财务报告。

②企业的现金流、盈利以及资产事项。

③企业现行会计政策等。

④对企业未来价值的预测等。

（3）法律尽职调查的主要关注点。法律尽职调查是为了全面评估企业资产和业务的合规性及签字的法律风险而进行的调查。法律尽职调查的主要关注点如下：

①公司的设立及历史沿革问题。

②主要股东情况。

③公司重大债权债务文件。

④公司重大合同。

⑤公司重大诉讼、仲裁、行政处罚文件。

⑥税收及政府优惠政策等。

5.3.2.3　尽职调查操作流程和方法

（1）操作流程。在一般情况下，尽职调查会作为一项业务流程，由业务部门委托一个专业机构组织开展，再履行内部决策批准程序。尽职调查的操作流程一般包括制订调查计划、调查及收集资料、入场开展正式调查、起草尽职调查报告与风险控制报告、内部复核、设计投资方案、决策批准（见图5-2）。调查及收集资料是尽职调查流程中最为重要的一环，尽职调查团队通过各渠道收集资料，并验证其可信程度，最终形成尽职调查报告与风险控制报告。

图 5-2　尽职调查的操作流程

（2）尽职调查的方法。

①审阅文件资料。尽职调查团队通过对公司工商注册、财务报告、业务文件、法律合同等各项资料的审阅，发现异常及重大问题。

②参考外部信息。尽职调查团队通过网络、行业杂志、业内人士等信息渠道，了解公司及其所处行业的情况。

③相关人员访谈。尽职调查团队与企业内部各层级、各职能人员以及中介机构进行充分沟通。

④企业实地调查。尽职调查团队查看企业的厂房、土地、设备、产品和存货等实物资产。

⑤小组内部沟通。尽职调查团队成员具有不同专业背景，其相互沟通也是达成调查目的的方法。

⑥形成尽职调查报告。尽职调查团队应根据尽职调查结果形成尽职调查报告，包括财务、法律、业务尽职调查等方面的内容。

5.3.2.3　尽职调查查询工具

（1）机构查询。全国组织机构代码管理中心网址：http://www.nacao.org.cn/publish/main/5/index.html。

（2）信用查询。市场监督管理总局全国企业信用信息公示系统网址：http://gsxt.saic.gov.cn/。

各省、市级信用网。这些网站是地方性主导的，如北京市企业信用信息网（http://211.94.187.236/）。

（3）法律信息查询。最高人民法院"中国裁判文书网"（限于裁判文书）网址：http://www.court.gov.cn/zgcpwsw/。

最高人民法院全国法院被执行人信息查询系统网址：http://zhixing.court.gov.cn/search/。

中国法院网公告查询网址：http://www.live.chinacourt.org/fygg/index.shtml。

（4）综合信息查询。全国中小企业股份转让系统网址：http://v2.neeq.com.cn/。

中国证监会指定信息披露网站巨潮资讯网网址：http://www.cninfo.com.cn/。

中国创业与投资大数据平台私募通网站网址：http://www.pedata.cn。

行行查、企查查等微信小程序。

5.3.2.4 对投资机构的反向尽职调查内容

除对产业合作伙伴可以参照尽职调查内容开展调查外，对投资机构，成果单位或被投资企业同样需要开展反向尽职调查，否则发生状况后往往"请神容易送神难"。除了前述相关内容外，以私募股权投资基金为例，尽职调查还应该注意以下内容：

（1）对私募基金的反向尽职调查。私募基金是一方提供资金（投资者），另一方提供管理能力和项目（基金管理人），参与商业活动。因此，对基金管理人的尽职调查的核心有两点：一是其信用水平，二是其投资能力。

投资者往往会关注投资水平，而忽略了更为关键的信用水平，尤其是行业内已有一定品牌或有各类机构背书的基金。事实上，投资业绩和项目盈利预期往往具有片面性，其真实性和准确性需要验证。

对私募基金管理人的反向尽职调查应关注以下几点：

①设立、注册、备案资料。

②股东架构（合伙人架构）与实际控制人。

③关联人和关联基金情况。

④组织架构与决策机制。

⑤投资流程。

⑥内部合规和风控制度以及执行情况。

⑦既往投资的领域和投资业绩。

⑧既往投资项目的退出方式。

⑨业务团队主要成员履历。

⑩股东（合伙人）的资产、负债以及征信情况。

⑪业务团队个人资产、负债以及征信情况。

⑫业务团队尤其是负责人的流动性。

⑬涉及的民事诉讼。

⑭涉及的刑事案件、行政处罚和行业禁入情况。

⑮托管银行、税费缴纳情况等。

（2）其他重点关注内容。

①基金管理人既往的投资案例，如是否会过多介入公司经营，是否愿意和企业共渡难关。

②既往发生争议后的处理方式，如诉讼情况占比、意愿协商解决情况。

③是否能带来更多的资源，帮助被投资企业的业务发展。

④是否有资源帮助企业提升管理能力。

⑤投资回报及回报周期的预期。

5.4 合作洽谈与合同签订

在科技成果转化实施流程中，鉴于合同洽谈与合同签订是发生时间不同、要求一脉相承的两个环节，同时也是科技成果转化实施的重中之重，因此本书将这两个环节合并，予以阐述。

在科技成果转化过程中，合同洽谈与合同签订应当依照法律和规范文件要求进行，尽量使用规范文本，从而保障相关内容齐备，合同的基本条款应务求准确。

5.4.1　一般技术合同文本

依照《中华人民共和国民法典》第八百四十五条的规定，技术合同的一般内容如下：

（1）项目的名称。

（2）标的的内容、范围和要求。

（3）履行的计划、地点和方式。

（4）技术信息和资料的保密。

（5）技术成果的归属和收益的分配办法。

（6）验收标准和方法。

（7）名词和术语的解释等。

与履行合同有关的技术背景资料、可行性论证和技术评价报告、项目任务书和计划书、技术标准、技术规范、原始设计和工艺文件以及其他技术文档，按照当事人的约定可以作为合同的组成部分。

技术合同涉及专利的，应当注明发明创造的名称、专利申请人和专利权人、申请日期、申请号、专利号以及专利权的有效期限。

5.4.2　专利权转让和专利实施许可合同

专利等知识产权是科技成果转化的重要载体。2023 年，国家知识产权局为指导当事人更好防范法律风险、维护自身合法权益，促进专利转化实施，组织修订并印发《专利（申请）权转让合同（模板）及签订指引》和《专利实施许可合同（模板）及签订指引》〔参见《国家知识产权局办公室关于印发专利转让许可合同模板及签订指引的通知》（国知办函运字〔2023〕502号）〕，指导当事人结合实际情形，自主合理选择使用。

5.4.3　技术作价入股合同

在科技成果转化过程中，技术作价入股是一种重要的转化形式，这种形式可以促使技术成果输出方与产业实现方形成利益共享、风险共担的共同体，因此在重要的科技成果转化中常常被使用。技术作价入股的合同洽谈涉及股权投融资合同，相对于技术合同更加复杂，需要考虑的因素与环节更多。

5.4.3.1　股权投融资合同核心条款

（1）估值条款。估值条款是投资人与企业双方对企业价值（成果价值）的评估与商定，是股权投融资合同的重中之重，关乎投资双方的核心利益。因此，估值条款是核心条款之一。

（2）估值调整条款。估值调整条款是指企业业绩与签约时预测的水平存在差异时，双方将调整企业估值。同时，投资人与企业对股权比例做出相应调整（股权对赌），或者由投资人或创业企业向对方支付一定数额的金钱（现金对赌）。

该条款系投资人为纠正目标业绩与实际业绩可能出现的偏差而设置的，

与回购权条款共同组成我们常说的对赌协议。

对于科技成果转化技术入股来说，鉴于成果转化的高风险性，双方不要轻易承诺对赌，即避免承诺和使用估值调整条款。如果使用，双方也要对条款做精心设计，避免后续陷入被动境地。

（3）回购权条款。回购权是指当特定情形出现时，投资人有权要求企业或控股股东、实际控制人按照一定的条件回购投资人的股权。

该条款是常用的对赌方式之一，与估值调整条款的逻辑相似。两者的区别在于，估值调整条款触发后，不论补偿方式是股权还是现金，投资人依然是公司股东；回购权条款触发后，投资人可能完全退出。

回购权属于一种退出机制。成果入股方如果在公司中处于参股地位，同时国有资产管理有特定退出要求，成果入股方可以考虑设置在特别情况下的回购权条款。

（4）领售权条款。领售权又称强制随售权、连带并购权，是指投资人有权强制企业原有股东（通常是创始团队）和自己一起向第三方转让股权。领售权条款一旦触发，原有股东必须依投资人与第三方达成的转让价格和条件，参与投资人与第三方的股权交易。

该条款的设置系投资人为了未来实现并购退出。如果企业首次公开募股（IPO）无望，并购成为投资人退出相对有利的选择。但是，促成并购通常需要至少持股半数以上的股东同意转让股权。为了达成交易条件，投资人会利用领售权出让股权。

（5）随售权条款。随售权是指企业实际控制人或大股东转让其股权时，实际控制人或大股东有义务保证投资人能够按比例转让其所持股权。

该条款系投资人担心创始成员退出公司，导致核心团队出现重大变更，于是以随售权来降低可能的经济损失。通常情况下，随售权按投资人和创始人之间的股权比例，由双方共同出售股权。随售权是投资协议中的常用条款。

（6）优先购买权条款。优先购买权是指股东要求转让股权时，投资人有权以同等条件优先购买该股权。

该条款的设置有两个目的：一是保障投资人追加投资，获取更高投资收益的权利；二是避免不合适的股东进入公司。该条款通常与随售权搭配使用，以保障股东转让股权时投资人拥有充分的买卖选择权。

该条款对创始股东并无重大不利影响。为保护创始股东利益，投资协议对适用优先购买权的例外情形往往会做严谨详细的约定。例如，为实施员工股权激励而转让股权，或者向关联方转让股权，不适用优先购买权。

（7）优先认购权条款。优先认购权是指企业在发行新股时，投资人与创始股东同样具有认购新股的优先权。该条款主要为保证当企业业绩符合或超越预期时，投资人有权追加投资。

优先认购权条款系投资人为了获取更多利益设置。因为认购价格往往以市场价格为依据，所以对企业利益无明显伤害。

实践中需要注意两个问题：一是避免因为单一投资人持股过多而导致股权结构失衡，二是避免因单一投资人持股过多而限制企业整合更多资源。

（8）自由转股权条款。自由转股权是指投资人有权自行决定将其持有的公司股权转让给其他方（无论是公司其他股东还是外部第三方），而无需经公司、创始人或公司其他股东事先同意，也无需受到其他不合理的限制。

该条款的设置为了保障投资人退出的自由便捷。对于企业而言，其需要注意防范投资人将股权转让给其他不适合当股东的投资者，比如竞争对手、三观不合的投资人等。为避免这类情况发生，协议条款可以约定转让对象的负面清单。

（9）反稀释条款。反稀释条款是指公司后续轮次的融资估值低于前序轮次，前序轮次的高估值投资人有权要求公司平价增资或创始人零成本转股，确保投资人的股权数量或股权比例不会因新股发行或新的投资人加入而减少。该条款的目的在于防止公司后续融资稀释投资人的股权价格或持股比例，一般适用于目标公司后轮融资为降价融资的情形。

反稀释条款又分为完全棘轮、加权平均两种类型。完全棘轮是指如果目标公司后续融资的价格低于原投资人当时融资的价格，则原投资人可以要求按照新一轮融资的较低价格进行重新定价。加权平均是指如果后续融资的价格低于原投资人融资的价格，则会按照原投资人融资价格和后续融资发行价格的加权平均值来进行重新定价。

相对于完全棘轮，加权平均对目标公司和原股东更有利。

（10）一票否决权条款。一票否决权是指根据公司股东事先约定，投资人就某些特定事项享有否定股东会或董事会决议的权利。

因为投资人通常持股比例小且基本不参与公司经营，设置该条款以防止创始人的不当决策损害投资人自身利益，保障投资人对重大事项的话语权。

根据公司法的规定，该条款只适用有限责任公司，对股份有限公司不适用。

对于企业而言，一票否决权有利有弊。若引入理念一致、专长互补的投资人，一票否决权可以优化公司治理结构。但是，若缺乏合理规划，该条款可能大幅降低决策效率、为公司的长远发展埋下祸根。

（11）优先分红权条款。优先分红权是指投资人在企业分配利润时享有优先于其他普通股股东取得分红的权利。

该条款的设置，一方面为了保障投资人的稳定收益，另一方面为了限制公司向创始人等其他股东分红的能力及创始股东分红套现的动力。因为该条款在很大程度上限制了公司的分红空间。在成果输出方股权比例较低、对企业经营管理介入较少的情况下，该条款可以维护相应的股东权益。

（12）优先清算权条款。优先清算权是指企业出现清算的情况时，投资方能够在公司债权人之后优先于其他股东受偿的权利。

该条款系投资人为避免因企业出现清算情况造成经济损失而设置。虽然《中华人民共和国公司法》明确规定股东按出资比例分配剩余财产，但股东之间可以约定再分配补偿机制，比如投资者分得财产低于投资金额时，须由其他股东补足差额等。

5.4.3.2 技术作价入股注意事项

科技成果转化技术作价入股合同谈判还应重点关注以下几方面，以避免后续可能引发的问题：

（1）标的范围，应注意专利、技术秘密等技术载体的完整性。

（2）技术权属，包括技术成果应明确为职务科技成果，同时要特别关注技术成果是否为合作研发或委托研发形成的成果、成果权属如何、转化过程是否需要征得合作研发方或委托研发方的同意。

（3）技术成果价格（与主营业务关联度、评估价格）。

（4）转移交付要注意证据载体。

（5）技术成果后续价值变化问题。

案例5-1： 因发明人拒不移交技术秘密引发的 W 大学专利权转让合同纠纷案。

2011 年 7 月，G 公司作为甲方与 W 大学作为乙方签订专利权转让合同，合同总额 1 500 万元，合同约定双方签章之日起三个工作日内支付 100 万元，剩余 1 400 万元五年内分批支付完毕。合同第三条约定，为保证甲方有效拥有本项专利权，乙方向甲方提交该专利权完整的技术资料，包括但不限于：
①发明专利请求书；②说明书；③权利要求书；④说明书摘要；⑤摘要附图；
⑥专利证书原件。同时，合同第六条约定，为保证甲方有效拥有本项专利，
发明人向甲方转让与实施本项专利权有关的技术秘密（合同另签）。

2016年11月，G公司向W大学发函，告知因W大学未按合同约定将该
专利相关的技术秘密移交给G公司，致使甲方无法实施，双方签订该专利转
让合同终止协议。

2017年11月10日，G公司再次向W大学发函，请W大学在收函后五个
工作日内严格按照合同约定全面履行相关义务，否则该公司将依法行使合同
解除权。

2017年11月15日，W大学对G公司作出回函，称W大学已履行相关的
合同义务，但G公司尚有1 400万元未付，请G公司与W大学协商继续履行
合同的相关事宜。

2017年11月21日，G公司作出复函，称W大学未履行合同义务，请
W大学尽快向G公司提供具体赔偿方案，并按约全面履行合同义务。

2018年1月4日，G公司再次向W大学发出函告，称因W大学没有做出
任何履约行为，通知W大学解除合同，保留主张权益的权利。双方最终对簿
公堂。

一审判决结果：W大学已履行转让专利权的合同义务，G公司解除合同
行为无效，应按约支付专利转让剩余1 400万元价款，并赔偿W大学相应经
济损失。

G公司向法院提起二审。本案二审争议焦点为：第一，W大学是否存在
违约行为？第二，G公司解除合同的行为是否有效？第三，本案的民事责任
应如何承担？

关于W大学是否存在违约行为的问题。G公司签订涉案专利权转让合同
的目的是有效拥有涉案专利，完成专利技术的成果转化。W大学向G公司提
交的完整技术资料，并不限于合同第三条列举的六项专利资料，还应包括与
实施涉案专利有关的技术秘密。在专利权转让合同约定由涉案专利发明人向
G公司转让与实施专利有关的技术秘密的情形下，涉案专利发明人未履行该
项合同义务，应由W大学向G公司承担未移交与实施涉案专利有关技术秘密
的违约责任。

关于 G 公司解除合同的行为是否有效的问题。《中华人民共和国合同法》第九十四条第三项规定，当事人一方迟延履行主要债务，经催告后在合理期限内仍未履行的，当事人可以解除合同。本案中，W 大学迟延交付与实施涉案专利有关的技术秘密，导致 G 公司不能获得涉案专利各项权利要求的实现技巧，无法开展有关专利转化的生产经营工作。为此，G 公司多次催告 W 大学交付与实施涉案专利有关的技术秘密，但 W 大学仍未履行该项合同义务，导致 G 公司的合同目的无法实现，G 公司据此解除涉案专利权转让合同符合前述法律规定。

关于本案的民事责任如何承担的问题。考虑到涉案专利登记在 G 公司名下已经多年，G 公司占有涉案专利期间是否获取相关商业利益难以排除，且 G 公司二审期间提交书面意见，明确表示涉案专利权转让合同解除后，G 公司自愿放弃已支付给 W 大学的 100 万元专利首付款，并自愿放弃本案的其他诉讼请求。根据当事人处分原则，当事人有权在法律规定的范围内处分自己的民事权利和诉讼权利。G 公司的上述处分行为并未违反法律规定，也未损害国家和社会公共利益，法院院予以确认。

综上所述，二审判决：双方转让合同解除，G 公司向 W 大学返还涉案专利等。

根据法院判决，值得我们关注的是：

第一，专利权和技术秘密均为科技成果的载体，它们共同构成科技成果的完整技术资料，也共同构成保护科技成果技术权益的手段。

第二，在科技成果转化过程中，职务成果发明人不能将成果及技术资料据为己有，更不得阻碍职务科技成果转化，否则就是侵害单位的合法权益，单位应该约定并保留追究阻碍科技成果转化人员责任的权利。

第三，科技成果转化也并非成果单位或完成人单方面的事情，单位应在妥善处理好两者之间的权利、义务以及利益关系的基础上，由成果单位和完成人共同推动合同执行。

案例 5-2：Q 公司与 B 公司增资纠纷。

2009 年 11 月 27 日，某评估公司对 B 公司拥有的案涉发明专利、相关全套工业生产技术、注册商标等无形资产作出评估报告，至评估基准日 2009 年 9 月 30 日，上述无形资产的评估结果为 1 300 万元，评估结论使用有效期自评估基准日起一年。

2010年4月9日，Q公司作出股东会决议，同意B公司以上述三项无形资产向Q公司增资，并以评估结果1 300万元认定增资数额。之后，双方完成了无形资产的增资并依法变更工商登记。

2014年12月30日，国家工商行政管理总局商标评审委员会作出商标无效宣告请求裁定书，宣告案涉商标无效并进行了公告。2016年2月25日，国家知识产权局专利复审委员会作出无效宣告请求审查决定书，宣告案涉发明专利权无效并进行了公告。

Q公司向法院提起诉讼，请求：第一，B公司向Q公司补充缴纳出资1 300万元；第二，B公司向Q公司赔偿自2010年4月9日至实际给付之日的经营利益损失7 118 768元。

上述因作价入股知识产权价值变化引发的赔偿诉讼，是科技成果转化过程中不容回避的一种情形。

《中华人民共和国专利法》第四十七条规定第二款规定："宣告专利无效的决定，对在宣告专利权无效前人民法院作出并已执行的专利侵权的判决、调解书，已经履行的或者强制执行的专利侵权纠纷处理决定，以及已经履行的专利实施许可合同和专利转让合同，不具有追溯力。但是因专利权人的恶意给他人造成的损失，应当给予赔偿。"

《中华人民共和国商标法》第四十七条第二款规定："宣告注册商标无效的决定或者裁定，对宣告无效前人民法院作出并已执行的商标侵权的判决、裁定、调解书和工商行政管理部门作出并已执行的商标侵权案件的处理决定以及已经履行的商标转让或者使用许可合同不具有追溯力。但是，因商标注册人的恶意给他人造成的损失，应当给予赔偿。"

据此，专利或注册商标被宣告无效，对宣告无效前已经履行的专利或商标转让不具有追溯力，除非证明权利人存在主观恶意。

此外，《最高人民法院关于适用〈中华人民共和国公司法〉若干问题的规定（三）》第十五条规定："出资人以符合法定条件的非货币财产出资后，因市场变化或者其他客观因素导致出资财产贬值，公司、其他股东或者公司债权人请求该出资人承担补足出资责任的，人民法院不予支持。但是，当事人另有约定的除外。"

5.5 定价

《中华人民共和国促进科技成果转化法》规定:"国家设立的研究开发机构、高等院校对其持有的科技成果,可以自主决定转让、许可或者作价投资,但应当通过协议定价、在技术交易市场挂牌交易、拍卖等方式确定价格。通过协议定价的,应当在本单位公示科技成果名称和拟交易价格。"单位应当明确并公开异议处理程序和办法。

上述规定对科技成果转化定价赋予了灵活的原则,但在实际操作中,科研机构和高等院校往往感觉国有资产管理相关法律法规所要求的资产评估和备案管理等规定仍然对科技成果转化的流程有所制约。对此,我们进行简要梳理。

5.5.1 科技成果价值评估和评估备案释义

科技成果评估准确地说应该是科技成果价值的资产评估。备案是指向主管机关报告事由存案以备查考,是一种具备审批性质的管理行为。因此,评估备案是对资产评估项目的一种审核审批行为,是一种国有资产管理行为。

一直以来,科研机构、高等院校等以持有的非货币性国有资产对外投资或国有资产转让、拍卖、置换的行为,按照《国有资产评估管理办法》和《国有资产评估管理若干问题的规定》要求,应当对国有资产进行评估,并报核准或备案,以资产评估结果作为对外投资或资产转让、置换的作价参考依据。

《中华人民共和国促进科技成果转化法》第十八条规定,国家设立的科研机构、高等院校可以自主决定转让、许可或作价投资科技成果,但需通过协议定价、在技术交易市场挂牌交易、拍卖等方式确定价格。因为该法并未规定是否需要对科技成果进行评估,所以引发了操作层面的广泛讨论。

一种观点认为,虽然《中华人民共和国促进科技成果转化法》中未明确规定需对科技成果转化进行资产评估,但科研机构、高等院校持有的科技成果性质仍属于国有资产,在实施转让或作价投资时,应当按照国有资产评估管理要求，进行资产评估并履行核准或备案程序。另外，《中华人民共和国公司法》第二十七条规定："对作为出资的非货币财产应当评估作价，核实财产，不得高估或者低估作价。"如果不对科技成果转化尤其是作价投资的科技成果进行资产评估，与《中华人民共和国公司法》的要求明显不相符。

另一种观点认为，《中华人民共和国促进科技成果转化法》本身就是对科技成果转化行为的解绑和减负。鉴于科技成果的特殊资产属性，该法中并未要求进行资产评估，且明确通过协议定价、挂牌交易、拍卖等方式确定价格，说明不需以资产评估结果作为科技成果的定价依据，相应开展资产评估也无必要。

鉴于此，科技成果评估备案可以理解为基于国有资产的管理角度，成果占有单位按有关规定进行资产评估，是为了确定国有资产价值的一种管理行为。评估备案是一种具有审批性质的国有资产管理行为。评估备案工作往往由组织开展、审核、备案几个必备环节组成，备案制度设计既要切实保障国有资产安全，又要提高效率促进科技成果转化。

5.5.2 评估程序的灵活要求

为回应广大科研机构、高等院校对科技成果转化是否需进行资产评估的问题，财政部先后出台了以下文件：

2019 年 3 月，财政部修订出台《事业单位国有资产管理暂行办法》。该办法第三十九条规定："国家设立的研究开发机构、高等院校将其持有的科技成果转让、许可或者作价投资给国有全资企业的"，可以不进行资产评估。这是授权条款，因为国有资产之间转移科技成果，不存在国有资产流失的问题。该办法第四十条规定："国家设立的研究开发机构、高等院校将其持有的科技成果转让、许可或者作价投资给非国有全资企业的，由单位自主决定是否进行资产评估。"该办法将是否进行资产评估的决定权交给研究开发机构、高等院校。研究开发机构、高等院校在决定时，要避免该办法第五十二条第四项的情形，即"通过串通作弊、暗箱操作等低价处置国有资产的"。否则要承担"《财政违法行为处罚处分条例》的规定进行处罚、处理、处分"的后果。这就要求研究开发机构、高等院校慎用该决定权。

2019 年 7 月，科技部、教育部、国家发改委、财政部、人社部和中科院发布《关于扩大高校和科研院所科研相关自主权的若干意见》（国科发政〔2019〕260 号）。该意见第三部分第（十）项明确要求："改革科技成果管理制度。修订完善国有资产评估管理方面的法律法规，取消职务科技成果资产评估、备案管理程序。"这一规定反映了以下两方面内容：一是对科技成果资产可以不进行资产评估，这符合《事业单位国有资产管理暂行办法》的规定；二是修订法律法规中关于科技成果资产评估的条款，解决法律法规与政策文件不一致的问题。从该意见看，并不是取消了"职务科技成果资产评估、备案管理程序"，而是提出这样一个计划，通过修订相关法律法规取消"职务科技成果资产评估、备案管理程序"。

2019 年 9 月，财政部出台《关于进一步加大授权力度 促进科技成果转化的通知》（财资〔2019〕57 号）。该通知提出："中央级研究开发机构、高等院校将科技成果转让、许可或者作价投资，由单位自主决定是否进行资产评估。"

从上述规定可知，科技成果资产评估不作为科技成果转化中的强制要求。在科研单位与高等院校的科技成果转化实际操作中，单位往往为了便于谈判和决策，依然会执行资产评估流程，以获得谈判的基准与参考。或者投资方是国有企业或上市公司，基于自身资产管理的规范性要求，需要对拟投资无形资产，即科技成果的价值履行资产评估程序。

5.5.3 评估备案的授权简化

如前所述，在现实的科技成果转化流程中，多数转化过程仍开展了无形资产评估。如果执行了资产评估程序，那么相应就会产生资产评估结果备案的问题。

2017 年 7 月，国务院印发《国务院关于强化实施创新驱动发展战略进一步推进大众创业万众创新深入发展的意见》，提出要"重点突破科技成果转移转化的制度障碍""依法发挥资产评估的功能作用，简化资产评估备案程序"。为此，财政部、教育部都先后发文贯彻落实，简政放权。

2017 年 11 月，《财政部关于〈国有资产评估项目备案管理办法〉的补充通知》（财资〔2017〕70 号）印发，明确为进一步提高科技成果转化效率，简化科技成果评估备案管理，要求"国家设立的研究开发机构、高等院校科技成果资产评估备案工作，原由财政部负责，现调整为由研究开发机构、高等院校的主管部门负责"，并要求"研究开发机构、高等院校的主管部门要结合科技成果转化工作实际，制定科技成果资产评估项目备案工作操作细则，缩短备案流程，简化备案程序，提高备案工作效率。主管部门应自收齐备案材料日起，在 5 个工作日内完成备案手续，并于每年度终了 30 个工作日内，填写本年度本部门科技成果评估项目备案情况汇总表（附表），报送财政部门"。该补充通知还要求："国家设立的研究开发机构、高等院校应规范科技成果资产评估机构的选聘工作，按要求如实提供科技成果资产评估所需各项资料，完善资产评估档案管理，配合主管部门做好科技成果资产评估相关工作。"

2017 年 12 月，《教育部关于规范和加强直属高校国有资产管理的若干意见》（教财〔2017〕9 号，以下简称《若干意见》）印发，明确规定："高校科技成果资产评估备案工作，授权高校负责。高校要结合科技成果转化工作实际，根据国家有关规定，制定科技成果资产评估项目备案工作操作细则，规范科技成果资产评估机构的选聘工作，按要求严格审核科技成果资产评估各项资料，完善资产评估档案管理，切实做好科技成果资产评估备案工作。"

在具体操作流程上，《若干意见》规定："高校科技成果转化管理部门应按照国有资产评估管理工作要求，填写《国有资产评估项目备案表》，提交相关备案材料。高校国有资产管理部门应自收齐备案材料日起，在 5 个工作日内完成备案手续，于每年度终了 15 个工作日内，将本年度科技成果评估项目备案情况汇总表（附件 2）报送教育部，教育部汇总后报财政部。"

2018 年，《关于落实直属高校国有资产管理有关政策的通知》（教财司函〔2018〕33 号）再次明确，为贯彻落实《若干意见》，做好国有资产管理政策衔接，确保各项改革政策稳步实施，"高校科技成果资产评估工作，由高校科技成果转化管理部门组织开展，国有资产管理部门审核，学校备案。科技成果资产评估备案工作所需材料，按照《工作规程》有关规定执行，评估备案表由各校参照国务院国资委《国有资产评估项目备案表》（附件 2）自行制定。除《科技成果评估项目备案情况汇总表》外，各高校应于每年度终了 15 个工作日内填写《科技成果评估项目备案情况明细表》（附件 3），报送至我司国资处。高校科技成果资产评估授权高校备案，其他资产评估事项应按照《工作规程》报教育部备案"。

这是从具体部署任务的角度，将科技成果评估授权高校备案，进一步为科技成果转化松绑。此举进一步简化了科技成果转化流程，是破解国有资产管理制度对科技成果转化制约的具体实施，与此同时也对高校完善科技成果转化机制体制以及如何保障高校国有资产安全提出了更高要求。

5.5.4 评估主要影响因素

科技成果的价值评估需要考虑科技成果自身情况、市场前景等。评估主要影响因素如下：

（1）技术成熟度。科技成果的价值评估主要通过适用性、工艺流程完善度、核心技术可控程度、安全规范合规性等方面分析该技术与成熟商业化产品之间的差距，以及需要的二次开发投入等情况。技术成熟度高、二次开发投入低的科技成果转化风险更小，往往更容易被市场接受，价值相对较高。目前，国内外通用的技术成熟度等级评价方法将发现原理研究到产业化应用之间划分为九个标准化等级，每个等级制定有量化评价细则，可以参考该细则进行技术成熟度评价。

（2）专利布局情况。科技成果的市场价值获取受到知识产权的保护，在成果转化准备阶段，一方面需要了解该技术是否已存在专利保护，其保护范围能否有效避开；另一方面需要分析是否通过申请专利对拟转化科技成果进行了充分保护，能够有效防止其他市场主体介入。

（3）预期的投入、收益情况。资金投入少的科技成果，企业的投资资金压力和风险小，科技成果更容易被市场接受。科技成果的收益情况需要分析市场规模和市场竞争情况，往往需要借助专业力量。在转化后短期内能获取越高收益的科技成果价值越高。需要注意的是，即使科技成果的预期收益较高，但在成本较高或较长时间后才能获益的情况下，出于规避风险的考虑，企业方仍比较谨慎。

5.5.5 评估常见方式

科技成果转化实施之前可以通过单位内部评估、委托第三方机构评估、向行业内企业询价等方法预估科技成果的成交价，并对最低成交价和期望成交价作出判断。

（1）单位内部评估。研发单位往往掌握的市场信息有限，内部评估主要的考虑因素是研发成本，包括人力、仪器设备使用费、场地费用、能源动力费用、材料费、咨询费、评估费、知识产权申请与维护费用等，在实际操作中可加入一定比例的收益。单位内部评估易于操作且成本较低，但是评估结果一般与市场价值差异较大，在最终定价时需要根据实际情况进行调整。但是，内部评估结果对确定科技成果的最低成交价、确保不赔本具有一定意义。

（2）委托第三方机构评估。第三方机构，即第三方专业评估机构，其一般可以综合成本法、收益法、市场法给出预期最低成交价和期望成交价。如果科技成果创新性较弱、市场需求不明确、市场竞争优势不突出，科研单位可以更多参考成本法测算结果。如果有丰富的产品交易案例作为参考，科研单位可以重点参考市场法测算结果。如果成果创新性强、市场需求明确、竞争优势突出，单位可以重点参考收益法测算结果。一般来讲，收益法和市场法的测算价格要高于成本法的测算价格。委托第三方评估能够借助专业的评估方法和技术，相对客观地反映科技成果的价值水平，但是评估费用较高，评估时间较长，且评估方法、参数、标准的选择会影响评估的准确性和公正性。科研单位应该选择有资质、有经验的评估机构，合理选择评估方法和参数，深入参与评估过程。

（3）向行业内企业询价。科研单位选择成果主要应用领域的潜在承接单位或合作伙伴，征求其对成果的兴趣和转化意愿以及可以接受的成交价格，根据咨询情况确定最低成交价和期望成交价。询价的优点是可以直接获取潜在合作伙伴的承接意愿和预期投入资金额度，但是可能存在主观性和不确定性，需要向多家单位咨询，并综合分析询价结果。

以上三种评估方式各有优缺点，科研单位应该根据科技成果的具体特点和市场环境，综合考虑各类因素，灵活选择和运用，在实际操作中，可以多种方法并用，尽可能客观、准确地评估科技成果价值。

在成果转化实践中，评估价值仅作为参考，科研单位应根据市场变化和交易方意愿进行适当调整，在不低于评估的最低价值基础上达成成交协议。

5.6 决策

5.6.1 集体决策制度

《国务院关于印发实施〈中华人民共和国促进科技成果转化法〉若干规定的通知》（国发〔2016〕16号）明确提出，国家设立的研究开发机构、高等院校应当建立健全科技成果转化重大事项领导班子集体决策制度。

1996年，第十四届中央纪委第六次全会公报，对党员领导干部在政治纪律方面提出"三重一大"纪律要求。具体表述如下："认真贯彻民主集中制原则，凡属重大决策、重要干部任免、重要项目安排和大额度资金的使用，必须经集体讨论作出决定。"

2005年，中共中央出台的《建立健全教育、制度、监督并重的惩治和预防腐败体系实施纲要》（中发〔2005〕3号）提出："监督民主集中制及领导班子议事规则落实情况，凡属重大决策、重要干部任免、重大项目安排和大额度资金的使用，必须由领导班子集体作出决定"。

《中共中央纪委 教育部 监察部关于加强高等学校反腐倡廉建设的意见》（教监〔2008〕15号）规定："健全领导班子科学民主决策机制。坚持民主集中制原则，按照党委领导下的校长负责制的要求，完善并严格执行议事规则和决策程序。坚持和完善重大决策、重要干部任免、重要项目安排、大额度资金使用（以下简称'三重一大'）等重要问题应经党委（常委）会集体决定的制度。"

需要注意的是，《国务院关于印发实施〈中华人民共和国促进科技成果转化法〉若干规定的通知》中的"科技成果转化重大事项"到底是指"科技成果转化"中的"重大事项"还是指科技成果转化本身就是重大事项？

从科技成果转化的实际工作来看，其理解应为前者。不同的单位，由于关注点、经济体量等的不同，对科技成果转化中的重大事项范畴的理解会有所不同。包含科技成果转化制度的制订或修订、技术转移机构设置、科技成果转化定价、合同签署、奖励等在内，凡是属于本单位的"三重一大"事项范围的，都可以认为是重大事项，否则不划定为重大事项。例如，有的单位以科技成果拟成交金额大小分级决策，对成交金额比较小的科技成果转移转化项目，不纳入重大事项；有的单位根据科技成果所有权是否转移来进行区分。单位相应的科技成果转化管理办法应当与单位"三重一大"等决策管理制度相统一，避免出现衔接问题。

同时，不同单位的集体决策程序往往又可以划分为行政办公会和党委会，应当根据本单位相关管理制度来明确哪些类别的科技成果转化重大事项由行政办公会集体决策，哪些类别的科技成果转化重大事项由党委会集体决策。

5.6.2　集体决策与容错机制

《国务院关于印发实施〈中华人民共和国促进科技成果转化法〉若干规定的通知》规定："科技成果转化过程中，通过技术交易市场挂牌交易、拍卖等方式确定价格的，或者通过协议定价并在本单位及技术交易市场公示拟交易价格的，单位领导在履行勤勉尽责义务、没有牟取非法利益的前提下，免除其在科技成果定价中因科技成果转化后续价值变化产生的决策责任。"

相类似的尽职免责条款，在实际操作（如审计等工作）中，往往需要具备民主决策程序。换言之，集体决策与容错机制是紧密相连的。

在国防科工局等《关于印发〈促进国防工业科技成果民用转化的实施意见〉的通知》（科工技〔2021〕456号）中明确规定："国防工业科技成果完成单位负责人依法按照规章制度开展科技成果转化工作，履行了民主决策程序、合理注意义务和监督管理职责且没有牟取非法利益的，即视为已履行勤勉尽责义务。"

2023年7月，《上海市科技成果转化创新改革试点实施方案》正式印发。该实施方案围绕科技成果产权制度改革、科技成果运营管理、科技成果转化合规保障三个方面，部署七项改革试点任务、一项保障任务。该实施方案中还包含了《上海市科技成果转化尽职免责制度指引》。该实施方案明确规定："建立科技成果转化尽职免责制度。试点单位应夯实科技成果转化主体责任，明确在科技成果转化过程中的责任主体、责任范围、免责范围、免责方式、负面清单等事项，落实'三个区分开来'的原则，形成符合单位实际的尽职免责制度。"该实施方案附件《上海市科技成果转化尽职免责制度指引》明确规定："成果转化参与人员根据法律法规和本单位依法制定的规章制度，开展科技成果转化工作，履行了民主决策程序、合理注意义务和监督管理职责的，即视为已履行勤勉尽责义务。符合以下情形之一的，不予追究相关人员决策失误责任。"

5.6.3 需要注意的风险与问题

单位集体决策制度实施过程中需要注意的风险如下：

（1）集体民主决策流于形式。

（2）集体民主决策前调研不充分，导致错误决策。

（3）集体民主决策事后缺乏对决策执行的情况在会上进行反馈和通报。

（4）集体民主决策文字记录留存不完整，无法还原决策真实过程。

为确保集体决策符合"三重一大"管理制度要求以及在容错纠错机制中"有章可循"，建议如下：

（1）各单位要通过制定集体民主决策制度实施细则，细化制度内容、具体程序和操作流程，避免民主决策流于形式。

（2）各单位要充分做好事前尽职调查工作，为决策打下科学客观的基础。

（3）为了防控法律风险，促进依法决策，各单位要把法律审核把关嵌入集体决策过程中，由专业法律顾问做好合规监管。

（4）各单位要完善集体民主决策记录资料保存，必要时全面还原决策真实过程，找到决策对应的会议资料。

5.7 公示及异议处理

科技成果转化过程还需要公示的环节。在科技成果转化的实施过程和后期的奖励过程中，公示属于强制性要求。本节仅介绍实施过程的公示要求。

《中华人民共和国促进科技成果转化法》第十八条规定："国家设立的研究开发机构、高等院校对其持有的科技成果，可以自主决定转让、许可或者作价投资，但应当通过协议定价、在技术交易市场挂牌交易、拍卖等方式确定价格。通过协议定价的，应当在本单位公示科技成果名称和拟交易价格。"

《国务院关于印发实施〈中华人民共和国促进科技成果转化法〉若干规定的通知》规定："科技成果转化过程中，通过技术交易市场挂牌交易、拍卖等方式确定价格的，或者通过协议定价并在本单位及技术交易市场公示拟交易价格的，单位领导在履行勤勉尽责义务、没有牟取非法利益的前提下，免除其在科技成果定价中因科技成果转化后续价值变化产生的决策责任。"

基于此，国家设立的科研机构、高等院校在以协议定价方式确定拟转化科技成果价格时，必须对交易价格进行公示。各部门、单位往往会将其纳入管理制度要求。公示期结束后，对出现的异议，科研单位应根据本单位情况制定具备可操作性的程序与流程，以避免公示流于形式。

6

科技成果转化奖励

科技成果转化高度重视知识价值和成果价值，因为它运用了社会最为通用的衡量标准——经济价值，最为通用的检验标准——市场需要。科技成果转化成功，形成生产力创造经济价值，从某种意义上讲，可以视为科技成果最终价值的体现。科技成果转化奖励使价值贡献人能够相应获得明确的鼓励和尊重，有利于建立以知识价值为导向的激励机制，帮助科技人员消除顾虑、潜心研究，形成更多产出。

6.1　科技成果转化奖励的政策沿革

自 20 世纪 80 年代以来，促进科技成果转化、进一步发挥科技在促进经济发展和社会进步中的积极作用成为世界潮流，一些发达国家纷纷修改相应的法律或调整相关政策，通过给予科研人员奖励和报酬激发其创新和创造活力。例如，美国《联邦技术转移法》规定，联邦机构或实验室，在技术许可或转让的首年，一次性给付发明人或共同发明人 2 000 美元；此后，每年将许可或转让所得收入在扣除专利维护费用后所得数额至少 15% 支付给发明人。韩国《技术转移及事业化促进法实行令》规定，可以将收益的 50% 用于分配给参与技术研发的所有人员，以奖金形式发放；收益中的 10% 用于促成技术转移和实现效益人员的奖金发放；剩余部分作为公共财产①。

1985 年，国务院出台《关于技术转让的暂行规定》（国发〔1985〕7 号），规定："转让技术的单位应当从留用的技术转让净收入中，提取 5%~10% 作为第四条规定的奖励费用，由课题负责人主持分配，本单位或其他有关部门不要干预。此项费用不计入本单位的奖金总额。"这可以视为我国关于科技成果转化奖励的雏形。

1987 年，《中华人民共和国技术合同法》及其实施条例规定："单位应当根据使用和转让该项职务技术成果所取得的收益，对完成该项职务技术成果的个人给予奖励。"可实施奖励的范围从技术转让扩大到使用职务技术成果和

① 全国人大常委会法制工作委员会社会法室. 中华人民共和国促进科技成果转化法解读 [M]. 北京：中国法制出版社，2016.

履行技术开发、技术转让、技术咨询、技术服务合同所获得的收益；奖励的数额和比例取消 5%～10% 的限制，由地方人民政府结合本地区的实际情况确定。

1993 年，《中华人民共和国科学技术进步法》规定："企业事业组织应当按照国家有关规定从实施科学技术成果新增留利中提取一定比例，奖励完成技术成果的个人。"

1996 年，《中华人民共和国促进科技成果转化法》规定了科技成果转化应当对重要贡献人员实施奖励。奖励的形式如下：

（1）科技成果完成单位将其职务科技成果转让给他人的，单位应当从转让该项职务科技成果所取得的净收入中提取不低于 20% 的比例，对完成该项科技成果及其转化做出重要贡献的人员给予奖励。

（2）企业、事业单位独立研究开发或者与其他单位合作研究开发的科技成果实施转化成功投产后，单位应当连续 3～5 年从实施该科技成果新增留利中提取不低于 5% 的比例，对完成该项科技成果及其转化做出重要贡献的人员给予奖励。

（3）采用股份形式的企业，可以对在科技成果的研究开发、实施转化中做出重要贡献的有关人员的报酬或者奖励，按照国家有关规定将其折算为股份或者出资比例。

2014 年，《财政部 科技部 国家知识产权局关于开展深化中央级事业单位科技成果使用、处置和收益管理改革试点的通知》（财教〔2014〕233 号）要求："试点单位要依据有关法律法规制定科技成果转移转化收入分配和股权激励方案，明确对科技成果完成人（团队）、院系（所）以及为科技成果转移转化作出重要贡献的人员、技术转移机构等相关方的收入或股权奖励比例。对发明人、共同发明人等在科技成果完成和转移转化中作出重要贡献人员的奖励比例，不得低于有关法律法规规定的最低比例。"国家鼓励在国家自主创新示范区、合芜蚌国家自主创新综合试验区的试点单位探索力度更大、操作更明晰的成果转化激励政策。

2015 年，修订后的《中华人民共和国促进科技成果转化法》出台，相比于 1996 年版本对做出重要贡献人员的奖励规定有所调整。一是尊重单位的自主权，不再强制性要求奖励提取比例，允许单位通过出台内部规定或与科技人员约定，来确定科技成果转化奖励的方式、数额和时限。二是在"约定优先"的前提下，对未规定或未约定的科技成果转化情形，仍然给出了最低的奖励标准，以保障科技人员权益。

需要注意的是，2015 年修订的《中华人民共和国促进科技成果转化法》明确规定："国家设立的研究开发机构、高等院校规定或者与科技人员约定奖励和报酬的方式和数额应当符合前款第一项至第三项规定的标准。"也就是说，国家设立的科研机构、高校无论采取与科技人员约定还是出台内部制度的方式，科技成果转化奖励都不得低于国家规定的最低标准。民办科研机构、高校则可以遵循"约定优先"的原则，只要其作出规定或约定，则按照规定或约定的奖励方式、标准执行，规定或约定既可以高于《中华人民共和国促进科技成果转化法》第四十五条所列三项标准，也可以低于该三项标准。如果民办科研机构、高校既未作出规定也未与科技人员约定，则同样需要执行该三项标准。

2016 年，中共中央办公厅、国务院办公厅印发《关于实行以增加知识价值为导向分配政策的若干意见》（厅字〔2016〕35 号），明确对没有在《中华人民共和国促进科技成果转化法》中规定奖励提取方式的技术开发、技术咨询、技术服务等活动的奖酬金提取，按照《中华人民共和国促进科技成果转化法》及《实施〈中华人民共和国促进科技成果转化法〉若干规定》执行。

6.2 制度准备

6.2.1 制度要求

《中华人民共和国促进科技成果转化法》规定："科技成果完成单位可以规定或者与科技人员约定奖励和报酬的方式、数额和时限。单位制定相关规定，应当充分听取本单位科技人员的意见，并在本单位公开相关规定。"

国务院《实施〈中华人民共和国促进科技成果转化法〉若干规定》明确要求："国家设立的研究开发机构、高等院校制定转化科技成果收益分配制度时，要按照规定充分听取本单位科技人员的意见，并在本单位公开相关制度。"

制定科技成果转化收益分配制度，必须遵循两项程序性要求：一是充分听取本单位科技人员意见，二是在本单位公开相关规定。这两项程序性要求，主要是为了充分保障广大科技人员的合法权益，确保单位内部科技成果转化收益分配的公正公平。因为科技成果转化收益分配给谁、分配多少、何时分配这些问题，直接关系广大科技人员的切身利益，但规则的制定、出台由单位掌握主导权，为避免单位在制度制定的过程中片面考虑或存在倾向性，充分听取本单位科技人员意见，有助于单位深入了解各方诉求，及时纠偏，避免不公平的奖励规则出台。同时，在本单位公开相关规定，有助于收益分配制度的广泛宣传。单位全体职工享有对科技成果转化收益分配制度的知情权，从而更加广泛有效地对成果转化收益分配进行监督，避免暗箱操作的利益输送行为。

需要注意的是，制定科技成果转化收益分配制度，并不意味着单位必须单独出台这方面的规定。单位可以单独制定，也可以将相关内容纳入本单位科技成果转化的实施办法中一并制定。

6.2.2 制度要点

制定科技成果转化收益分配制度，既要充分衔接上位法的要求，确保收益分配各环节依法合规，也要结合单位实际，确保制度可操作、可落地，能回答单位和科技人员关切的实际操作层面的问题，避免实践中仍然需要大量主观判断或一事一议的情况。

结合上位法的要求和具体实践经验，制定科技成果转化收益分配制度至少应考虑以下因素。

（1）管理职责：明确负责科技成果转化奖励的管理部门和相应职责，涉及多部门管理的，应当在清晰划分各自职责的基础上建立衔接机制。

（2）奖励实施流程：一般包括申请、审批、公示、发放等环节。

（3）转化方式和奖励比例：明确科技成果转化所采取的方式及对应的奖励标的（股权、现金）、奖励比例。其中，国家设立的科研机构、高校不得低于《中华人民共和国促进科技成果转化法》《实施〈中华人民共和国促进科技成果转化法〉若干规定》规定的最低标准。

（4）奖励对象：科技成果转化的奖励对象是对完成、转化该项科技成果做出重要贡献的人员。各单位应结合实际明确重要贡献人员的认定规则。针对国家设立的研发机构、高校等事业单位正职领导，各单位还应当对其能取得的科技成果转化奖励类别、需履行的程序作出明确规定。

（5）净收入核定：虽然《中华人民共和国促进科技成果转化法》《实施〈中华人民共和国促进科技成果转化法〉若干规定》未明确规定科技成果转化净收入应如何核算，但实际操作中净收入的核定是不可回避的问题。只有确定了净收入，才能以此为基础计算科技成果转让、许可等奖励额度。净收入的核定可结合单位实际，参考教育部、中国科学院、国防科工局的相关规定以及税法的相关规定确定。

（6）公示：《实施〈中华人民共和国促进科技成果转化法〉若干规定》要求"对担任领导职务的科技人员的科技成果转化收益分配实行公开公示制度"。《科技部　财政部　税务总局关于科技人员取得职务科技成果转化现金奖励信息公示办法的通知》（国科发政〔2018〕103号）要求"对本单位科技人员取得职务科技成果转化现金奖励的人员相关信息予以公示"。

（7）异议或纠纷解决方式：明确奖励分配方案出现异议或纠纷后如何解决，何种情况下需暂停实施，何种情况下可继续推进。

6.2.3　参考实例

从公开渠道可搜集的资料看，较少单位制定了专门的科技成果转化收益分配制度或管理文件，一般是在科技成果转化管理办法内涵盖。

部分科研机构、高校制定的科技成果转化奖励相关政策如表6-1所示。

表 6-1　部分科研机构、高校制定的科技成果转化奖励相关政策

关键项	主要内容	参考实例
管理职责	明确各环节管理部门和相应职责	《中国矿业大学科技成果转化管理办法》（中矿大〔2020〕32号）规定： 　　科研管理部门负责科技成果转化工作的实施，加强科技成果管理和知识产权管理，办理科技成果转化公示、技术转让和许可合同审核，报送科技成果转化年度报告、转化科技成果备案等工作。 　　人事管理部门负责科技成果转化活动中教职工兼职创新和离岗、在职创业的管理，建立符合科技成果转化工作特点的职称评定、岗位管理和考核评价制度，推进专业化成果转化队伍建设。 　　国有资产管理部门负责科技成果作价入股的管理和科技成果转化过程中涉及的评估备案、股权划转的报批报备等工作。 　　财务管理部门负责科技成果转化收益使用、分配的财务核算以及资金管理，落实国家和地方促进科技成果转化的税收政策等工作。 　　法律事务管理部门负责科技成果转化过程中有关合同效力的审核，协助职务科技成果完成人及相关职能部门做好纠纷解决、诉讼仲裁等工作。 　　图书馆负责知识产权信息服务以及专利信息检索、文献情报分析和专利导航等工作。 　　校内二级单位负责科技成果审核、专利申请前评估以及积极推进科技成果转化等工作
奖励方式	根据转化方式的不同，制定不同的奖励方式和比例	《复旦大学科技成果转化管理办法》（复委〔2019〕23号）规定：科技成果转化收入必须全部进学校，进校后按成果完成人（包括所有发明人）70%、所在院系15%、学校15%的比例进行分配。 《浙江大学科技成果转化审批细则》（浙大发科〔2019〕15号）规定：扣除转化成本后的净收益，原则上学校、学院（系）、研究所、科技成果完成人分别按15%、10%、5%、70%的比例进行分配。科技成果转化涉及的作价投资，原则上由浙江大学先持股，然后将所持股权的70%部分股权奖励给科技成果完成人。浙江大学所持股权的其余30%部分股权可以由学校将股权出售，或将股权以增资的方式过户给学校承担科技成果转化职能的企业。 《中国矿业大学科技成果转化管理办法》（中矿大〔2020〕32号）规定：科技成果转让、许可净收益按如下比例分配：80%奖励给成果完成人，20%归学校所有。成果转化后产生的经济纠纷，也按此比例承担相应的经济风险。以技术入股形式进行科技成果转化获得的收益，可按以下方式之一分配：第一，所得股权由学校资产经营公司负责统一管理；股权所得收益80%奖励给成果完成人，20%归学校所有。第二，所得股权的20%归学校，由学校资产经营公司管理；80%奖励给成果完成人，在办理工商注册时，可根据科技成果完成人的分配意见，依法登记到相关成果完成人名下。 《重庆大学促进科技成果转化管理办法（2020年修订）》规定：科技成果转化以许可模式实施的，学校收取收益的5%作为资源占用费；以转让模式实施的，学校收取收益的10%作为资源占用费。在学校收取资源占用费后，完成人可获得不超过收益60%的奖励金，其余收益部分留存完成人科研发展基金。科技成果转化以作价投资模式实施的，学校所占作价投资的股权比例不低于30%，由资产公司代持，其余部分奖励给完成人

表6-1（续）

关键项	主要内容	参考实例
净收入核定	明确转化净收入的核算方式	《中国科学院关于新时期加快促进科技成果转移转化指导意见》（科发促字〔2016〕97号）规定：在确定"科技成果转化净收入"时，院属单位可以根据成果特点做出规定，也可以采用合同收入扣除维护该项科技成果、完成转化交易所产生的费用而不计算前期研发投入的方式进行核算。 《教育部办公厅关于进一步推动高校落实科技成果转化政策相关事项的通知》（教技厅函〔2017〕139号）规定：高校可根据实际情况，制定科技成果转化净收入的核算办法。成果转化净收入一般以许可、转让合同实际交易额扣除完成本次成果转化交易发生的直接成本来确定。直接成本应包括科技成果评估评价费、拍卖佣金等第三方服务费以及与科技成果转化相关的税金等。 《促进国防工业科技成果民用转化的实施意见》（科工技〔2021〕456号）规定：以许可方式实施成果转化的，净收入计算一般可按照合同实际交易额扣除完成本次交易的直接成本，以及单位为研发科技成果自筹投入的全部费用及维护、维权费用来确定。直接成本包括国防工业科技成果评估评价费、拍卖佣金等第三方服务费，以及与国防工业科技成果转化相关的税金等。国防工业科技成果完成单位将同一项科技成果向多个单位或个人许可的，其许可收入应当合并计算。国防工业科技成果完成单位也可根据国家有关规定，结合上述原则和实际情况，制定本单位科技成果转化净收入的核算办法。 《浙江大学科技成果转化审批细则》（浙大发科〔2019〕15号）规定：科技成果转化所得（包括许可、转让、作价投资分红所得、转让股份所得）由学校进行分配，应优先归还或支付前期申请、维护、评估费用以及技术中介费等转化成本
奖励对象	明确对科技成果转化做出重要贡献人员的范畴和确定方式	《教育部办公厅关于进一步推动高校落实科技成果转化政策相关事项的通知》（教技厅函〔2017〕139号）规定：成果转化受益人应是在与科技成果转化相关科研任务的正式合同、计划任务书或论文、专利及奖励证书上署名的机构和人员，或是在成果转化服务合同中约定的第三方机构和人员。成果转化受益人按规定或约定参与科技成果转化收益的初次分配。 《复旦大学科技成果转化管理办法》（复委〔2019〕23号）规定：在科技成果转化合同签署前，学校与全体成果完成人之间需签订《复旦大学科技成果转化收入分配确认书》，确定70%收入的分配比例，经学校和全体成果完成人盖章或签字确认，由科研院备案，转化收入到校后按此执行。 《中国矿业大学科技成果转化管理办法》（中矿大〔2020〕32号）规定：科技成果完成人所得收益，全部或部分可以一次性或分批次以奖酬金进行列支，成果第一完成人负责分配，提供分配方案，学校科研管理部门负责分配方案公示

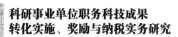

表6-1（续）

关键项	主要内容	参考实例
领导干部奖励	明确领导干部领取奖励的特殊要求	《中国科学院关于新时期加快促进科技成果转移转化指导意见》（科发促字〔2016〕97号）规定：院属各单位正职领导，是科技成果主要完成人或者对科技成果转化做出重要贡献的，可以按照促进科技成果转化法的规定获得现金奖励，原则上不得获取股权激励。担任院属单位正职领导和领导班子成员中属中央管理的干部，所属单位中担任法人代表的正职领导，在担任现职前因科技成果转化获得的股权，可在任职后及时予以转让，转让股权的完成时间原则上不超过3个月；股权非特殊原因逾期未转让的，应在任现职期间限制交易；限制股权交易的，也不得利用职权为所持有股权的企业谋取利益，在本人不担任上述职务一年后解除限制
审批	明确奖励审批流程	《北京大学职务科技成果转化现金奖励管理办法》（校发〔2018〕367号）规定：公示由项目负责人提出书面申请，就职务科技成果转化现金奖励的总额、获得奖励人员姓名、岗位职务、对完成和转化科技成果做出的贡献情况和现金奖励发放时间等进行说明。项目负责人所在院系审批同意后，报科技开发部审核。科技开发部审核通过后，依据项目负责人的书面申请和技术转让合同，就本次现金奖励情况在科技开发部进行公示
公示	明确奖励公示要求	《中国科学院关于新时期加快促进科技成果转移转化指导意见》（科发促字〔2016〕97号）规定：院属单位应对担任领导职务的科研人员获得科技成果转化奖励实行公示制度，各单位应当就公示内容、方式、范围和异议处理程序等具体事项做出明确规定。 《浙江大学科技成果转化审批细则》（浙大发科〔2019〕15号）规定：对担任校领导职务的科技成果完成人的转化收益分配，还应在其所在单位及学校相关部门网站公示。 《华中科技大学科技成果转化管理办法（2022年4月修订）》规定：科技成果转化收益资金到校后，完成人团队负责人根据参与人员的贡献情况对奖励进行分配，现金奖励信息由科发院及完成人所在学院（系）公示15个工作日，公示结果无异议后由财务处执行
异议/纠纷解决方式	明确奖励分配方案出现异议或纠纷后应该如何解决	《北京大学职务科技成果转化现金奖励管理办法》（校发〔2018〕367号）规定：公示期内对公示内容如有异议，可向项目负责人所在院系或科技开发部进行反映。院系或科技开发部在收到反映情况后，应及时受理，认真做好调查核实。如反映情况属实，院系或科技开发部可与项目负责人技术团队成员进行协商，对现金奖励进行调整，并将新调整的现金奖励信息重新公示。 《华中科技大学科技成果转化管理办法（2022年4月修订）》规定：对于协议定价公示和现金奖励公示有异议的，须实名书面形式向科发院提出。科发院组织调查，视调查结果报领导小组或党委常委会审议后进行处理
奖励发放	明确奖励发放和个人所得税缴纳要求	《北京大学职务科技成果转化现金奖励管理办法》（校发〔2018〕367号）规定：公示完成后，由科技开发部依据《北京大学技术转让管理办法》和现金奖励数额开具拨款通知单给财务部拨付现金奖励预算额度。领取现金奖励时，项目负责人根据当次个人奖励数额填写《科技人员取得职务科技成果转化现金奖励个人所得税备案表》并报院系和科技开发部审批后提交财务部，财务部汇总报税务机关备案通过后发放奖励，在税务系统明细申报

6.3 转化方式和奖励比例

6.3.1 奖励的最低标准

根据《中华人民共和国促进科技成果转化法》和《实施〈中华人民共和国促进科技成果转化法〉若干规定》的要求，民办科研机构和高校可以根据本单位的实际情况规定或与科技人员约定奖励和报酬。

国家设立的科研机构、高校，其科技成果转化奖励的方式和数额不得低于《中华人民共和国促进科技成果转化法》关于最低标准的规定。

（1）以科技成果转让或许可方式转化职务科技成果的，应当从科技成果转让或许可所取得的净收入中提取不低于50%的比例用于奖励。

（2）以科技成果作价投资实施转化的，应当从作价投资取得的股份或出资比例中提取不低于50%的比例用于奖励。

（3）将该项职务科技成果自行实施或与他人合作实施的，应当在实施转化成功投产后连续3~5年，每年从实施该项科技成果的营业利润中提取不低于5%的比例。

6.3.2 奖励的聚焦性

《实施〈中华人民共和国促进科技成果转化法〉若干规定》明确规定，国家设立的研究开发机构、高等院校依法对职务科技成果完成人和为成果转化做出重要贡献的其他人员给予奖励时，"在研究开发和科技成果转化中做出主要贡献的人员，获得奖励的份额不低于奖励总额的50%"。这就意味着，科技成果转化奖励应当区分不同参与人的贡献，真正实行以知识价值为导向的分配政策，不应当变成平均主义或"大锅饭"式奖励。

6.3.3 奖励与工资总额（绩效工资总量）的关系

《中华人民共和国促进科技成果转化法》规定："国有企业、事业单位依照本法规定对完成、转化职务科技成果做出重要贡献的人员给予奖励和报酬的支出计入当年本单位工资总额，但不受当年本单位工资总额限制、不纳入本单位工资总额基数。"

这一规定主要考虑到科技成果转化收入的取得具有较大的不确定性。实现科技成果转化需要天时、地利、人和，与合作方达成一致的时间点难以预估。单位如果将科技成果转化奖励纳入年度工资总额计划编制，可能实践中无法按期执行；如果不将科技成果转化奖励纳入年度工资总额计划编制，那么实践中一旦超出工资总额，将无法发放。《中华人民共和国促进科技成果转化法》明确科技成果转化奖励不受当年本单位工资总额限制，从根本上解决了科技成果转化奖励相比普通奖酬金具有特殊性的问题。

2018 年，国务院出台《国务院关于优化科研管理提升科研绩效若干措施的通知》（国发〔2018〕25 号），要求"加大高校、科研院所和国有企业科研人员科技成果转化股权激励力度，科研人员获得的职务科技成果转化现金奖励计入当年本单位绩效工资总量，但不受总量限制，不纳入总量基数"。

2021 年，《人力资源社会保障部 财政部 科技部关于事业单位科研人员职务科技成果转化现金奖励纳入绩效工资管理有关问题的通知》（人社部发〔2021〕14 号）发布，规定"职务科技成果转化后，科技成果完成单位按规定对完成、转化该项科技成果做出重要贡献人员给予的现金奖励，计入所在单位绩效工资总量，但不受核定的绩效工资总量限制，不作为人力资源社会保障、财政部门核定单位下一年度绩效工资总量的基数，不作为社会保险缴费基数"。

"国发〔2018〕25 号文"和"人社部发〔2021〕14 号文"将《中华人民共和国促进科技成果转化法》中关于工资总额的规定调整为绩效工资总量，这一调整主要是衔接事业单位绩效工资改革的相关要求，将工资总额内的基本工资、津补贴等由国家统一规定且有明确标准的工资组成部分不再纳入管控范畴，而是更为精准地管控与职工贡献度挂钩的绩效工资总量。总体管理要求仍然与《中华人民共和国促进科技成果转化法》关于工资总额的规定一脉相承，科技成果转化奖励作为奖金的一部分，应当纳入绩效工资总量统计，但考虑到科技成果转化奖励的特殊性，对于单位、职工而言往往是一项不确定的收入，因此规定其发放不影响事先核定的绩效工资总量，不挤占其他方面正常的绩效支出，也不作为单位基本养老保险、基本医疗保险、工伤保险、失业保险等社会保险、公积金、职业年金等的缴费基数。

需要注意的是，"人社部发〔2021〕14号文"明确要求，科技成果完成单位在统计工资总额、年平均工资、年平均绩效工资等数据以及向有关部门报送年度绩效工资执行情况时，应包含现金奖励情况，并单独注明。

6.3.4　奖励与兼职收入的关系

2016年，中共中央办公厅、国务院办公厅印发《关于实行以增加知识价值为导向分配政策的若干意见》（厅字〔2016〕35号）规定："科研人员在履行好岗位职责、完成本职工作的前提下，经所在单位同意，可以到企业和其他科研机构、高校、社会组织等兼职并取得合法报酬。"在实践中，科研机构和高校为推动科技成果后续顺利转化，也可能派出科技人员到企业兼职，帮助指导完成从实验室到市场化运用的技术"最后一公里"工作。

科研机构和高校派出或同意科技人员到企业工作存在以下两种情况：

一是科技人员到企业兼职，从企业直接领取报酬。这种情况下科技人员领取的报酬属于企业发放的职工薪酬，应当计入企业的工资总额，不应当再作为派出单位的科技成果转化奖励。"厅字〔2016〕35号文"中也有明确规定，"兼职或离岗创业收入不受本单位绩效工资总量限制"。

二是企业与单位签订技术开发、技术咨询、技术服务等合同，单位派出科技人员到企业提供服务。在这种情况下，科技人员到企业工作只是工作地点的变化，本质上仍属于履行本单位岗位职责的行为，不应认定为兼职。单位就该项目向科技人员发放的报酬和奖励应当计入本单位绩效工资总量，符合科技成果转化奖励认定规则的可不受本单位绩效工资总量限制。

需要注意的是：

第一，依法依规、允许和适度。"厅字〔2016〕35号文"中关于科研人员兼职的表述是"允许科研人员和教师依法依规适度兼职兼薪"。2021年修订的《中华人民共和国科学技术进步法》规定，利用财政性资金设立的科研机构和高校的科技人员，在履行岗位职责、完成本职工作、不发生利益冲突的前提下，经所在单位同意，可以从事兼职工作获得合法收入。

"允许"是一个中性词，不同于"支持"和"鼓励"的倡导性质，而是强调在国家许可的科研机构、高校兼职人员范畴内，按照单位内部管理程序取得单位同意的情况下，可以兼职兼薪。

适度要求有控制、有节制，科技人员一定是在做好本职工作、履行好岗位职责的基础上，才考虑兼职。单位应当结合科技人员承担的科研任务情况判断是否允许，如果因为兼职影响本职工作开展，则不是适度；如果因为兼职损害和侵占单位的合法权益，更不是适度。

单位需要根据实际制定相应的兼职管理制度，明确条件、画出红线，妥善处理好科技人员本职和兼职的关系、收入和履职的关系，合理引导和规范科技人员兼职。

第二，科技人员兼职公示。"厅字〔2016〕35号文"要求："科研机构、高校应当规定或与科研人员约定兼职的权利和义务，实行科研人员兼职公示制度，兼职行为不得泄露本单位技术秘密，损害或侵占本单位合法权益，违反承担的社会责任。"以公示加强对科技人员兼职行为的监督。

第三，兼职收入备案。"厅字〔2016〕35号文"要求，科技人员兼职取得合法报酬，"个人须如实将兼职收入报单位备案，按有关规定缴纳个人所得税"。

第四，担任领导职务的科技人员兼职不得取酬。2013年，中央组织部发布《关于进一步规范党政领导干部在企业兼职（任职）问题的意见》（中组发〔2013〕18号），明确规定："按规定经批准在企业兼职的党政领导干部，不得在企业领取薪酬、奖金、津贴等报酬，不得获取股权和其他额外利益；兼职不得超过1个；所兼任职务实行任期制的，任期届满拟连任必须重新审批或备案，连任不超过两届；兼职的任职年龄界限为70周岁。"

2016年，中共中央组织部《关于改进和完善高校、科研院所领导人员兼职管理有关问题的问答》（《组工通讯》2016年第33期总2855号）中进一步明确，高校、科研院所领导班子其他成员经批准可在本单位出资的企业（包括全资、控股和参股企业）或参与合作举办的民办非企业单位兼职，兼职数量一般不超过1个，个人不得在兼职单位领取薪酬。高校、科研院所所属的院系所及内设机构领导人员在社会团体、基金会、民办非企业单位和企业兼职，根据工作需要和实际情况，按干部管理权限由党委（党组）审批，兼职数量应适当控制；个人按照有关规定在兼职单位获得的报酬，应当全额上缴本单位，由单位根据实际情况给予适当奖励。

6.4   奖励对象

科技成果转化的奖励对象是对完成、转化该项科技成果做出重要贡献的人员。

什么是对完成、转化科技成果做出重要贡献的人员？这可以从完成、转化两个层面来理解。

完成贡献人是指对科技成果的完成单独或共同做出创造性贡献的人员。界定完成贡献人相对比较容易，如果一个课题组是由多人组成的，或者一项科技成果是由若干人共同完成的，可以由课题负责人或主要贡献人依据实际参与情况、项目参与人员情况或专利发明人情况等确定。

转化贡献人是指在后续试验、开发、应用、推广活动中做出重要贡献的人员，既包括对转化做出重要贡献的技术人员，也包括专职从事科技成果转化服务的人员。科技成果转化也需要社会化分工和专业化管理。一方面，分工使得科技人员能够更加专注于做好科研本职工作，进而研发出更多的科技成果，形成技术研发和科技成果转化的良性循环；另一方面，专职从事科技成果转化的服务人员对科技成果转化的政策、法务、商务工作研究更加深入，有助于实现科技成果转化价值最大化，提高科技成果转化成功率，其对科技成果转化的贡献也应当被认可。

一项科技成果的形成离不开前期知识技术的历史沉淀和长期积累，由于背景成果或前期积累的存在，做出重要贡献的人员尤其是完成贡献人的范围还需要各单位在充分尊重历史价值的基础上确定。

在具体实践中，各单位可以对重要贡献的人员的认定分为前端认定和后端认定、直接贡献认定和间接贡献认定。

6.4.1   前端认定和后端认定

前端认定是指在科技成果完成后、实施转化前即对做出贡献的人员予以认定；后端认定是指科技成果转化完成后、奖励发放前再进行认定。这两种方式都是可行的，各单位可以根据实际情况确定适合本单位的认定方式。

案例6-1：某科研所建立了重要贡献人"科技成果入库→确权→公示→异议处理"的前端认定流程。

科技成果入库，即对单位内部已形成的科技成果进行全面梳理，具备转移转化价值的成果纳入单位内部科技成果产品库。

确权，即单位每年年初对新入库的科技成果组织科技成果完成团队明确主要贡献人和贡献权重值。对采用技术开发、技术咨询、技术服务方式开展科技成果转化的，单位组织相应团队明确主要贡献人和贡献权重值，经相应科研团队带头人、科研室主任签字确认。年初未能确权的，各团队可以申请按"一成果一确认"执行。

公示，即单位经确认后的确权表在本单位范围内张贴纸质公告并在单位门户网站进行公示。

异议处理，即对公示确权表提出异议的，提交单位内部仲裁组进行评判，仲裁意见以书面形式上报，经单位办公会审批后执行。

案例6-2：某省关于开展2017年度科研人员科技成果转化认定的相关通知规定：由科技成果转化认定委员会组织对申报人员的业绩进行认定，科技成果尚未转化的不予认定，非成果转化或转化活动不清晰的收益不予认定。显然，这是一种后端认定的方式。

前端认定和后端认定相比较，前端认定不直接与科技成果转化挂钩，在科技成果完成后即予以确权，能够更加精准地界定科技成果完成贡献人，减少后期奖励分配时可能产生的利益纠纷。但前端认定不能涵盖转化贡献人，后期仍需要对转化贡献人进行认定。无论后期是否能够转化，前期均需对每项科技成果进行确权，工作量较大，管理成本较高。后端认定待科技成果转化完成后才认定贡献人，能够有针对性地开展工作，降低管理成本，但也可能因眼前利益导致一些不必要的异议或纠纷。多数科技成果从完成到转化，中间往往需要经历一段不短的时间，是否能够无遗漏地认定科技成果完成贡献人、是否能精准评价每个贡献人的贡献度，存在较大的不确定性。

6.4.2　直接贡献认定和间接贡献认定

《中华人民共和国促进科技成果转化法》规定，对完成、转化科技成果做出重要贡献的人员给予奖励和报酬。这部分人员属于对科技成果转化做出直接贡献的人员。但是，科技成果的形成和转化成功，一方面归功于成果完成人与成果转化人的创造性劳动，另一方面也与科研机构、高校其他人员（包括管理人员、辅助人员等）的间接贡献密不可分，这些其他人员是否也能享受科技成果转化奖励？

从法律的角度，科技成果转化奖励的对象仅仅是对完成、转化该项科技成果做出重要贡献的人员，因此科技成果转化奖励对象的界定，应当秉承"重要性"原则，对参与研发科技成果、成功向社会推荐科技成果以及在科技成果定价、合同谈判、知识产权保护等方面发挥重要作用的人员方给予奖励，而不是将奖励对象泛化至科研机构、高校的全体职工或绝大部分职工。

同时，《中华人民共和国促进科技成果转化法》赋予了单位一定的自主权，在第四十三条中明确规定，国家设立的研究开发机构、高等院校转化科技成果所获得的收入首先用于对完成、转化职务科技成果做出重要贡献的人员给予奖励和报酬，剩下的部分主要用于科学技术研究开发与成果转化等相关工作。这也意味着，科技成果转化净收入在扣除科技成果转化奖励后，主要用于科学技术研究开发与成果转化等相关工作，剩余部分还能够适当兼顾单位内部其他方面的资金需求。

需要注意的是，如果将科技成果转化净收入中的一部分用于全单位职工普发性的奖励，不属于科技成果转化奖励的范畴，不能享受《人力资源社会保障部 财政部 科技部关于事业单位科研人员职务科技成果转化现金奖励纳入绩效工资管理有关问题的通知》（人社部发〔2021〕14号）规定的"不受核定的绩效工资总量限制"政策，应当纳入单位绩效工资总量统计和控制。

案例6-3：某科研所制定本单位科技成果转化制度，明确了对科技成果转移转化做出重要贡献的人员范围如下：

（1）科技成果转移转化的核心人员：科技成果相关课题的课题负责人、相关课题的子项负责人、科技成果转移转化的团队负责人。

（2）科技成果转移转化的骨干人员：为科技成果研究和科技成果转移转化做出重要贡献的技术人员和技能人员。

（3）知识产权重要贡献人员：科技成果研制和转移转化过程中所应用的专利技术和软件著作权中的发明人员（需对专利技术和软件著作权有较大贡献）。

（4）重要管理人员：为科技成果研究和科技成果转移转化做出重要贡献

的职能部门管理人员。

(5) 其他重要贡献人员：为科技成果转移转化"牵线搭桥"，并最终促成科技成果转移转化落地实施的第三方机构人员。

6.4.3 领导干部奖励

关于担任领导职务的科技人员能否参与科技成果转化并获取奖励和报酬的问题，全国人大常委会法制工作委员会就此与中央有关部门做了专门研究。研究结论是担任领导职务的科技人员对成果完成或转化做出重要贡献的，从成果转化收入中获取一定的奖励和报酬确有必要，对符合规定的应当予以支持。

为进一步细化和指导实施，《实施〈中华人民共和国促进科技成果转化法〉若干规定》明确规定，对担任领导职务的科技人员获得科技成果转化奖励，按照分类管理的原则执行。

国务院部门、单位和各地方所属研究开发机构、高等院校等事业单位（不含内设机构）正职领导以及上述事业单位所属具有独立法人资格单位的正职领导，是科技成果的主要完成人或对科技成果转化做出重要贡献的，可以按照《中华人民共和国促进科技成果转化法》的规定获得现金奖励，原则上不得获取股权激励。其他担任领导职务的科技人员，是科技成果的主要完成人或对科技成果转化做出重要贡献的，可以按照《中华人民共和国促进科技成果转化法》的规定获得现金、股份或出资比例等奖励和报酬。

中共中央组织部《关于改进和完善高校、科研院所领导人员兼职管理有关问题的问答》（《组工通讯》2016 年第 33 期总 2855 号）对正职领导取得科技成果转化奖励进一步做出了界定：

(1) 高校、科研院所正职和领导班子成员中属中央管理的干部，所属单位中担任法定代表人的正职领导，是科技成果的主要完成人或对科技成果转化做出重要贡献的，可以按照《中华人民共和国促进科技成果转化法》的规定获得现金奖励，原则上不得获取股权激励；领导班子其他成员、所属院系所和内设机构领导人员的科技成果转化，可以获得现金奖励或股权激励，但获得股权激励的领导人员不得利用职权为所持股权的企业谋取利益。

(2) 高校、科研院所正职和领导班子成员中属中央管理的干部，所属单位中担任法定代表人的正职领导，在担任现职前因科技成果转化获得的股权，可在任现职后及时予以转让，转让股权的完成时间原则上不超过三个月；股权非特殊原因逾期未转让的，应在任现职期间限制交易；限制股权交易的，也不得利用职权为所持股权的企业谋取利益，在本人不担任上述职务一年后解除限制。

6.4.4　离职、退休人员

《中华人民共和国促进科技成果转化法》和《实施〈中华人民共和国促进科技成果转化法〉若干规定》并没有明确规定是否需要对退休、离职的科技成果完成人进行奖励，但明确了要给予为完成、转化科技成果做出重要贡献的人员奖励和报酬。笔者认为，科技成果转化的奖励不应因人员离职、离岗、退休而受到影响，将离职、退休人员纳入科技成果转化奖励对象范畴，既是尊重价值创造过程中的客观事实，认可科技人员所做的贡献，也是对正在从事科技成果转化和即将从事科技成果转化人员的长远激励。

6.5　净收入的确认

《中华人民共和国促进科技成果转化法》和《实施〈中华人民共和国促进科技成果转化法〉若干规定》明确规定，以科技成果转让或许可方式转化职务科技成果的，应当从科技成果转让或许可所取得的净收入中提取不低于50%的比例用于奖励。

净收入不是一个专门的财务术语或会计概念，也不完全等同于企业净利润的概念。从科技成果转化的角度，它衡量的是科技成果转化收入扣除成本开支后有多少能够用于分配。

《中华人民共和国促进科技成果转化法》和《实施〈中华人民共和国促进科技成果转化法〉若干规定》没有明确应当如何计算净收入，但在具体实施中，这是科技成果转化奖励得到落实的关键问题。只有明确科技成果转化净收入的核算规则，各单位才能在一致的规则下，采取相同的衡量手段来实现对贡献人的激励，不因某项目或某领域区别对待，从正面规范和引导科技成果转化激励政策的落地。

全国人大常委会法制工作委员会社会法室编著的《中华人民共和国促进科技成果转化法解读》提出，通常来说，企业科技成果转化净收入是指科技成果技术合同成交额扣除完成本次交易发生的直接成本（如谈判费用、专利维持费等）、税金和前期研发投入后的余额。对事业单位科技成果转化净收入，根据财政部《事业单位财务规则》的规定，事业单位财务管理主要从收入和支出两个方面进行核算。高校和科研机构等事业单位科技成果转化净收入是指科技成果技术合同成交额扣除完成本次交易发生的直接成本，如谈判费用、专利维持费等和税金等。

这里提及企业和事业单位科技成果转化净收入核算的最主要区别就是企业需扣除前期研发投入，而事业单位则无需扣除。做出这一解读，主要是因为国家设立的科研机构、高校等事业单位的研发投入主要由财政经费支持，不受研发成本约束。

2016 年，中国科学院、科学技术部联合印发了《中国科学院关于新时期加快促进科技成果转移转化指导意见》（科发促字〔2016〕97 号）。该指导意见规定："在确定'科技成果转化净收入'时，院属单位可以根据成果特点做出规定，也可以采用合同收入扣除维护该项科技成果、完成转化交易所产生的费用而不计算前期研发投入的方式进行核算。"该指导意见将净收入的计算规则交由院属单位自主决定，同时也允许净收入可不计算前期研发投入。

2017 年，《教育部办公厅关于进一步推动高校落实科技成果转化政策相关事项的通知》（教技厅函〔2017〕139 号）规定，高校可以根据实际情况，制定科技成果转化净收入的核算办法。成果转化净收入一般以许可、转让合同实际交易额扣除完成本次成果转化交易发生的直接成本来确定。直接成本应包括科技成果评估评价费、拍卖佣金等第三方服务费以及与科技成果转化相关的税金等。

从中科院关于下属科研机构和教育部关于高校科技成果转化净收入的核算规则可以看出，核算净收入时只扣除与本次成果转化交易相关的直接成本，不考虑前期研发投入，成为对科研机构和高校等事业单位成果转化净收入核定的一般性指导意见。虽然制度规定各单位可以根据实际情况制定核算办法，但多个科研机构、高校关于科技成果转化的实施细则基本沿用了这一规定。

　　笔者认为，因为科研机构、高校的研发投入主要由财政经费支持，所以在计算科技成果转化净收入时，不考虑前期研发投入的观点有一定道理，但也存在现实困境。例如，部分科研机构取得的财政拨款相对较少，大量科技成果形成来自自有资金投入或横向委托项目，如计算科技成果转化净收入完全不扣除前期研发投入，则可能导致不计成本进行成果转化，各单位前期投入得不到有效弥补、自有资金逐渐消耗殆尽、不利于形成"投入→产出→再投入"的良性循环。因此，科技成果转化净收入的核算规则不应当片面追求个人利益或单位利益，而应当兼顾科技人员的激励和单位的可持续发展，实现两者结合下的整体利益最大化。

6.5.1　夯实价值形成基础

　　很多科研机构和高校的困境在于，由于形成科技成果的前期研发投入未进行资本化管理，未形成无形资产，单位即便想在计算科技成果转化净收入的时候考虑前期研发投入，但因时间久远或未专项核算，在实践中无法追溯。

　　从财务管理的角度，科技成果具有未来为单位创造价值的价值，这些价值的体现是通过转化实现的。对于科研机构和高校来说，研发投入一直是单位支出的重要组成部分，随着创新步伐不断加快，科技成果在单位拥有的资源中所占的比重将越来越大。为了做好后续的转移转化，单位需要把所有拥有此类价值的科技成果都上升为单位的显性资产，使其存在于单位的运行体系中，存在于单位的资产构成中，而不仅存在于科技人员手中或报奖资料中。各单位要在运行过程中有效利用这部分资源，以谋取更多的资源流入。

　　从内部资产属性上将符合条件的科技成果确认为单位资产，不仅仅是进一步明晰权属，明确科技成果的处置权、收益权属于单位，未来与科技成果相关的经济利益将流入单位。从法律保障角度来说，资产价值归集的过程实质上就是整个开发期间的研发记录过程。对于受法律保护强度远不如专利、软件著作权的专有技术（技术秘密）来说，资产价值能作为可采信的法律证据，最大程度保障单位的权益。

　　在采取资本化方式计量科研机构、高校研发形成科技成果的价值时，我们需要明确几个关键因素：一是自行研究开发项目的辨析，二是研究阶段和开发阶段的划分，三是无形资产成本的归集。

如何辨析是否属于自行研究开发项目？

根据《政府会计准则制度解释第 4 号》的规定，自行研究开发项目应当同时满足以下条件：

（1）该项目以科技成果创造和运用为目的，预期形成至少一项科技成果。

（2）该项目的研发活动起点可以明确。例如，利用单位外部资金设立的科研项目，可以将立项之日作为起点；利用单位自有资金设立的科研项目，可以将单位决策机构批准同意立项之日或科研人员将研发计划书提交单位科研管理部门审核通过之日作为起点。

如何划分研究阶段与开发阶段？

研究阶段是指为获取新的技术和知识等进行的有计划的调查。其特点在于研究阶段是探索性的，是为进一步的开发活动进行资料及相关方面的准备，从已经进行的研究活动看，将来是否会转入开发、开发后是否会形成无形资产等具有较大的不确定性。开发阶段相对于研究阶段而言，已经完成了研究阶段的工作，有明确的意图要进行一项新产品或新技术的开发，而且在很大程度上形成一项新产品或新技术的基本条件已经具备。

基于两个阶段的不同特征，研究阶段往往要结束后才能判断是否形成无形资产，其间发生的成本费用已经不可追溯；开发阶段能够从初始就锁定无形资产相关的开发成本，对成本进行必要的归集。

2017 年 1 月 1 日起施行的《政府会计准则第 4 号——无形资产》明确规定，政府会计主体自行研究开发项目的支出，应当区分研究阶段支出与开发阶段支出。《政府会计准则制度解释第 4 号》规定，当单位自行研究开发项目预期形成的无形资产同时满足以下条件时，可以认定该自行研究开发项目进入开发阶段：

（1）单位预期完成该无形资产以使其能够使用或出售在技术上具有可行性。

（2）单位具有完成该无形资产并使用或出售的意图。

（3）单位预期该无形资产能够为单位带来经济利益或服务潜能。该无形资产自身或运用该无形资产生产的产品存在市场，或者该无形资产在内部使用具有有用性。

（4）单位具有足够的技术、财务资源和其他资源支持，以完成该无形资产的开发，并有能力使用或出售该无形资产。

（5）归属于该无形资产开发阶段的支出能够可靠地计量。

在通常情况下，单位可以将样品样机试制成功、可行性研究报告通过评审等作为自行研究开发项目进入开发阶段的标志，但该时点不满足上述进入开发阶段五个条件的除外。

如何归集无形资产的成本？

《政府会计准则第4号——无形资产》规定，政府会计主体自行开发的无形资产，其成本包括自该项目进入开发阶段后至达到预定用途前所发生的支出总额。

自行开发的支出包括从事研究开发及其辅助活动人员计提的薪酬，研发活动领用的材料、库存物品，研发活动使用的固定资产和无形资产计提的折旧和摊销，为研发活动支付的业务费、劳务费、水电气暖费用等其他各类费用。

需要注意的是，按照《中华人民共和国专利法》的规定，执行本单位的任务或者主要是利用本单位的物质技术条件所完成的发明创造，其权属归属于本单位。但单位受托完成某项无形资产的开发，并与委托方订立了技术合同，约定该科技成果的所有权、使用权归属于其他法人或组织的，不能作为本单位资产予以确认。因此，我们核算的自行开发的无形资产，必须是本单位独自拥有或与其他单位共同拥有的资产。受托代外单位研发的科技成果，所有权属于外单位的，不纳入资本化范畴，不作为本单位的无形资产确认与核算。

在自行开发的无形资产的价值归集过程中，单位财务部门、科技部门应当全力配合，对接科研项目管理环节与财务核算流程，为科技成果资本化管理提供相应支撑。单位应设立研发该项科技成果的课题号，以实施全成本归集；以任务书下达、项目可行性研究报告评审通过或样品样机研制成功作为无形资产价值归集的起点；根据事先约定方式，以项目通过验收、科技成果达到预期开发目标或按法律程序申请取得知识产权作为无形资产价值归集的终点。这两个节点作为无形资产原始价值核算的起点和终点，必须内嵌入相应的科研任务管理流程，与科研任务的立项、验收评估等环节相衔接。如果对接不畅，整个无形资产的管理核算将失去基础，成为空中楼阁，无法真正落地实施。

6.5.2 明晰净收入核算方法

按照《中国科学院关于新时期加快促进科技成果转移转化指导意见》（科发促字〔2016〕97号）和《教育部办公厅关于进一步推动高校落实科技成果转化政策相关事项的通知》（教技厅函〔2017〕139号）的规定，高校和中国科学院所属科研机构的科技成果转化净收入可按以下规则核算：

科技成果转化净收入＝科技成果技术合同成交额－直接成本（谈判费用、专利维持费）－税金

但是，这一核算方式因未考虑前期研发投入，可能导致财政拨款支持力度较小的科研机构的自有资金得不到有效补偿。

2021年，国家国防科技工业局、财政部、国务院国有资产监督管理委员会联合出台《促进国防工业科技成果民用转化的实施意见》（科工技〔2021〕456号），规定"以许可方式实施成果转化的，净收入计算一般可按照合同实际交易额扣除完成本次交易的直接成本，以及单位为研发科技成果自筹投入的全部费用及维护、维权费用来确定。直接成本包括国防工业科技成果评估评价费、拍卖佣金等第三方服务费，以及与国防工业科技成果转化相关的税金等"。这一规定明确在计算净收入时应考虑自筹研发投入的补偿，体现了研发经费"投入→产出→再投入"良性循环的导向。

为给予科技人员充分激励和实现研发投入可持续的目标，结合科研机构实践经验和税收法规中关于科技成果转让、技术许可所得的核算要求，本书提出科技成果转化净收入的核算方法以供参考。

（1）科技成果转让净收入。科技成果转让行为涉及科技成果所有权的转移，在核算转让净收入时，可考虑将科技成果价值予以扣除。

科技成果转让净收入＝转让合同成交额－直接成本－科技成果价值－税金

其中，直接成本是指为本次科技成果转让行为发生的谈判费用、律师费用、资产评估费用、专利维持费和其他直接相关费用等。

科技成果价值分两种情况计量：科技成果前期研发投入归集并资本化形成无形资产的，科技成果价值等于无形资产账面净值；科技成果前期研发投入未归集的，科技成果价值可按资产评估价值的一定比例确定。

（2）科技成果许可净收入。科技成果许可行为只涉及科技成果使用权的转移，不涉及科技成果所有权的转移，在核定许可净收入时，不扣除科技成

果价值，但应当考虑相应的无形资产摊销。

科技成果许可净收入＝许可合同成交额－直接成本－科技成果价值摊销－应分摊期间费用－税金

其中，直接成本是指为本次科技成果许可行为发生的谈判费用、律师费用、资产评估费用、专利维持费和其他直接相关费用等。

科技成果价值摊销是指该项科技成果对应的无形资产价值在使用寿命内进行系统分摊，当年应摊销的金额。如果该项科技成果同时由单位自行使用和对外许可使用，科技成果价值摊销仅指对外许可使用部分应当承担的摊销金额。

应分摊期间费用是技术许可这项业务按照规定的比例方法分摊的当年期间费用。

（3）技术开发、技术咨询、技术服务净收入。技术开发、技术咨询、技术服务净收入核算应遵循"全成本"原则，即与提供业务相关的所有直接成本和间接费用都应当作为项目成本予以扣除。

技术开发、技术咨询、技术服务净收入＝技术合同成交额－直接成本－应分摊期间费用－税金

其中，直接成本是指为本次技术开发、技术咨询、技术服务发生的职工计提的薪酬，领用的材料、库存物品，应分摊的固定资产折旧和无形资产摊销，支付的业务费、劳务费、水电气暖费用等其他各类费用。

应分摊期间费用是指技术开发、技术咨询、技术服务按照规定的比例方法分摊的当年期间费用。

6.5.3 其他事项

以作价投资的方式实施科技成果转化，其奖励基数为以科技成果为对价取得的股权；以自行实施或与他人合作方式实施科技成果转化，其奖励基数为实施该项科技成果的营业利润。这两种转化方式均无需进行净收入核定，此处不再展开介绍。

6.6 奖励实施流程

奖励实施流程主要应包括形成奖励方案、申请、审批、公示奖励信息、发放奖励、个人所得税备案等环节，各单位应根据自己的组织机构设置和相应职责，制定实施流程，从规范和便捷操作的角度，还可制定相应的表格模板。科技成果转化奖励实施流程如图 6-1 所示。

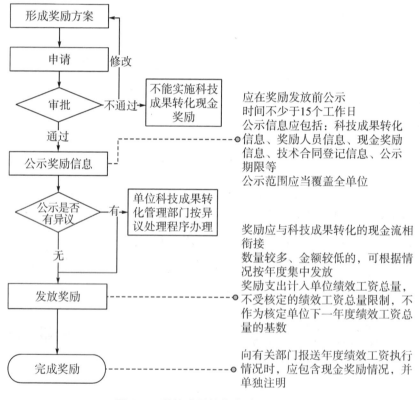

图 6-1　科技成果转化奖励实施流程

科研机构、高校可授权职能部门，也可授权科研团队，制定科技成果转化奖励方案。

156

奖励方案的内容至少应当包括技术合同名称、转化方式、合同金额、到款金额、核定净收入、奖励人员姓名、对完成或转化科技成果做出的贡献、申请奖励比例或奖励金额、发放时间等。

案例6-4：H大学的奖励分配流程如下：第一，下载并填写相关表格（H大学科技成果转化奖励分配审批表等，见表6-2）；第二，学院审核签字；第三，科技成果管理办公室审核；第四，科研院审核；第五，财务处审核；第六，科技成果转移转化领导小组审核；第七，表格交财务处、发放奖励。其奖励分配方案授权项目团队自行制定，通过填写规范化表格完成申请。

表6-2 H大学科技成果转化奖励分配审批表

合同名称					
转化方式	□转让		□实施许可	□其他	
合同金额		万元	到款金额		万元
净收入		万元	申请奖励		万元
奖励人员	1		姓名	万元，分＿＿＿月发放，每月发放＿＿＿万元	
			身份证号		
	2		姓名	万元，分＿＿＿月发放，每月发放＿＿＿万元	
			身份证号		
	3	可增加			
项目负责人			职称	联系电话	

项目负责人责任保证：
1. 严格遵守《中华人民共和国促进科技成果转化法》及院校有关规定，依法分配奖酬金；
2. 在团队成员中的分配比例已经达成一致；
3. 如分配比例有争议，自行协调处理。

全体奖励人员签名：

年　　　　月　　　　日

审查意见	科室	同意奖励及分配方案。 负责人：　　　　　　单位公章 年　　　月　　　日
	研究所	经办人签名：　　　负责人签名：　　　单位公章 年　　　月　　　日

6.6.2 审批

科研机构、高校应当指定内设机构或专人对科技成果转化奖励方案进行审批。对科技成果转化奖励分配方案的审批，除对科技成果、转化方式、合同信息等一致性的审核外，还应当重视以下几个方面的内容：

（1）该行为是否属于科技成果转化。部分科技人员因对科技成果转化政策理解和把握不深入，可能将简单的尺寸、参数改型，或者一般的设备维修、改装等作为科技成果转化申报奖励。对该类行为，单位科技管理部门应当进行审核把关，对不符合科技成果转化认定条件的，不认定为科技成果转化事项，不以科技成果转化奖励方式发放奖酬金。这一审核步骤也可以在科技成果转化项目立项时进行。

（2）科技成果转化是否遵守保密管理相关规定。《实施〈中华人民共和国促进科技成果转化法〉若干规定》明确规定，涉及国家安全、国家秘密的科技成果转化，行业主管部门要完善管理制度，激励与规范相关科技成果转化活动。单位应当严格审核把关是否存在涉密科技成果拟向社会公开转化的行为，如确需转化，应当先评估涉密科技成果解密、降密的可行性，符合解密、降密条件的，应当按保密管理规定做好解密、降密工作后再实施转化。

（3）协议定价是否履行公示程序。根据《中华人民共和国促进科技成果转化法》和《实施〈中华人民共和国促进科技成果转化法〉若干规定》的规定，协议定价的，科技成果持有单位应当在本单位公示科技成果名称和拟交易价格，公示时间不少于 15 个工作日。这一强制性要求如未按规定实施，则后续实施科技成果转化奖励也存在程序瑕疵。

（4）是否进行技术合同认定登记。根据《科技部 财政部 税务总局关于科技人员取得职务科技成果转化现金奖励信息公示办法的通知》（国科发政〔2018〕103 号）、《人力资源社会保障部 财政部 科技部关于事业单位科研人员职务科技成果转化现金奖励纳入绩效工资管理有关问题的通知》（人社部发〔2021〕14 号）以及相关税收政策要求，到当地技术合同登记机构进行技术合同认定登记是判断该行为符合享受税收优惠政策的必备要件之一。单位应当将技术合同认定登记作为科技成果转化的一项重要流程，严格执行落实。

（5）合同到款和净收入核算情况。单位应当对合同到款和净收入核算情况进行把关，审核合同是否足额到款，科技成果转化净收入是否按照单位制定规则进行核算。为避免合同纠纷或不可预见因素导致合同款项不能足额收取，科技成果转化现金奖励原则上应当在合同结束、收到全部款项、所有成本归集完成，并且按收支配比原则核算成果转化净收入后再行发放。

（6）重大事项决策层级。根据《实施〈中华人民共和国促进科技成果转化法〉若干规定》的规定，科技成果转化奖励分配如属于单位重大事项的，应当建立领导班子集体决策制度，按照集体决策意见实施。单位应当根据内部控制制度规定的审批权限，判断该科技成果转化奖励事项是否属于集体决策范畴，如果属于集体决策范畴，则应提交单位办公会等议事机构集体审议决策。

6.6.3　公示奖励信息

科技成果转化奖励涉及的公示包括两个方面：一是现金奖励，应对全体获奖人员相关信息进行公示；二是股权奖励，应对担任领导职务的科技人员相关信息进行公示。

6.6.3.1　现金奖励公示

2018 年 7 月，《科技部 财政部 税务总局关于科技人员取得职务科技成果转化现金奖励信息公示办法的通知》（国科发政〔2018〕103 号）对科技成果转化现金奖励公示的内容、方式、范围、期限等进行了明确规定。

（1）公示主体。"国科发政〔2018〕103 号文"规定，符合《关于科技人员取得职务科技成果转化现金奖励有关个人所得税政策的通知》（财税〔2018〕58 号）条件的职务科技成果完成单位应当对本单位科技人员取得职务科技成果转化现金奖励相关信息予以公示。职务科技成果完成单位是指具有独立法人资格的非营利性研究开发机构和高等学校。

（2）公示内容。公示信息应当包含科技成果转化信息、奖励人员信息、现金奖励信息、技术合同登记信息、公示期限等内容。

科技成果转化信息包括转化的科技成果的名称、种类（专利、计算机软件著作权、集成电路布图设计专有权、植物新品种权、生物医药新品种及其他）、转化方式（转让、许可）、转化收入及取得时间等。

奖励人员信息包括获得现金奖励人员姓名、岗位职务、对完成和转化科技成果做出的贡献情况等。

现金奖励信息包括科技成果现金奖励总额，现金奖励发放时间等。

技术合同登记信息包括技术合同在技术合同登记机构的登记情况等。

需要说明的是，因技术开发、技术咨询、技术服务不属于符合"财税
〔2018〕58 号文"规定的可享受个人所得税优惠政策的转化方式，因此"国
科发政〔2018〕103 号文"的规定中转化方式仅包括转让和许可两类。

（3）公示时间。公示时间不少于 15 个工作日。这里奖励信息的公示时间
相比于协议定价公示时间（15 个自然日）更长，避免了高校寒暑假期间奖励
信息还未被职工知悉就已公示到期的情形，便于接受更加广泛的监督。

（4）异议处理。公示期内如有异议，单位应及时受理，认真做好调查核
实并公布调查结果。单位可以要求提出异议人实名反馈，相关部门接收异议
后应当组织调查，并向奖励分配方案制定方和相关人员发送异议处理通知。
奖励分配方案制定方和相关人员核实异议材料，并提供相关证据，相关部门
进一步核实后进行结果通报。核实过程中，单位应当对异议者的身份予以
保护。

（5）公示范围。公示范围应当覆盖全单位，并保证单位内的员工能够以
便捷的方式获取公示信息。

（6）留存备查。单位应当将公示信息结果和个人奖励数额形成书面文件
留存备相关部门查验。

（7）其他情形。实施科技成果转化股权奖励，对担任领导职务的科技人
员获得股权奖励有明确的公示要求，对其他贡献人则无明确要求。但在实践
中，为便于统一管理，也有部分科研机构和高校对现金奖励和股权奖励均要
求对所有获奖人员予以公示。

公示流程可以在科技成果转化奖励分配方案审批后实施，也可在审批前
实施。如果公示在奖励方案审批前实施，审批阶段对奖励方案有所调整的，
应当就调整后的奖励方案重新公示。

根据"国科发政〔2018〕103 号文"的规定和实践操作经验，科技成果
转化奖励信息公示（样表）如表 6-3 所示。

表 6-3　科技成果转化奖励信息公示（样表）

科技成果转化信息			
成果名称			
种类	□专利　□计算机软件著作权　□集成电路布图设计专有权 □植物新品种　□生物、医药新品种　□技术秘密　□其他		
转化方式	□转让　　　□许可 □技术开发　□技术咨询 □技术服务	合同编号	
合同金额		项目净收入	
到款时间			
技术合同认定登记情况			
是否登记	□是　　□否	登记号码	
奖励信息			
奖励总额		现金奖励占净收入/ 股权比例	
奖励人员信息			
姓名	岗位职务	对四技合同完成或 组织实施做出的贡献	奖励金额 或占比
公示期限	年　月　日至　　年　月　日（不得少于 15 个工作日）		
异议处理方式			
联系方式			

案例 6-5：Q 职业技术学院关于对李某取得职务科技成果转化现金奖励的公示（Q 职业技术学院科技函〔2018〕44 号）。

根据《科技部 财政部 税务总局关于科技人员取得职务科技成果转化现金奖励信息公示办法的通知》（国科发政〔2018〕103 号）和《Q 职业技术学院科技成果转化管理暂行办法》（Q 职业技术学院科研发〔2018〕2 号）文件精神，现将李某取得职务科技成果转化现金奖励信息公示。

（1）科技成果名称：一种数控加工自检方法。种类：专利。转化方式：

转让。转化收入：人民币 50 600 元。取得转化收入时间：2018 年 6 月 18 日。

（2）奖励人员信息：李某，Q 职业技术学院副教授，在该专利完成和转化中做出主要贡献，是该专利完成人。

（3）现金奖励总额：李某，人民币 43 010 元，现金奖励发放时间为本次公示无异议之后发放。

（4）技术合同登记机构：Q 市技术市场服务中心。技术合同编号：2018×××××××××。

公示时间自 2018 年 10 月 15 日至 2018 年 11 月 2 日止。若有异议，请以电话、微信、发邮件等形式向监察室或业务部门反映。反映情况要有具体事实，提倡实名反映情况和问题。

受理部门：监察室

联系电话：××××××　　　微信号：××××××　　　E-mail：××××××

业务部门：科技处

联系电话：××××××　　　E-mail：××××××

6.6.3.2　股权奖励公示

《实施〈中华人民共和国促进科技成果转化法〉若干规定》要求，对担任领导职务的科技人员的科技成果转化收益分配实行公开公示制度，不得利用职权侵占他人科技成果转化收益。

领导干部通常是收益分配方案的决策者，单位通过对决策人员进行公示监督等措施，进一步保障分配方案的公平公正。

案例 6-6：关于"××超声系统"科技成果作价投资及股权奖励的公示。

根据《N 大学促进科技成果转化管理办法（试行）》（校科字〔2020〕8号）相关规定，现将"××超声系统"职务科技成果作价投资及股权奖励的有关信息公示如下：

一、成果转化信息

成果名称：4 项国家发明专利、12 项发明专利申请权。

专利权人：N 大学、H 大学各 50%。

成果完成人：H 大学方完成人略，N 大学方完成人有李××、文××、罗××。

转化方式：作价投资。

定价方式：第三方评估。

拟交易价格：按资产评估价，1 490 万元。

合作方：L 科技股份有限公司。

合作方式：新设合资公司。

二、股权奖励信息

根据《N 大学促进科技成果转化管理办法（试行）》（校科字〔2020〕8 号），作价投资形成的股权 20%（对应出资额 149 万元）归学校及二级单位所有，80%（对应出资额 596 万元）奖励给科技成果完成团队及成果转化重要贡献人。

文××、罗××已书面签署声明放弃上述科技成果转化的股权奖励，因此本次股权奖励的具体分配方案如下：

序号	姓名	项目角色	贡献情况	奖励比例	对应出资额
1	李××	项目负责人	100%	100%	596 万元
2	文××	项目参与人	0	0	0
3	罗××	项目参与人	0	0	0
合计			100%	100%	596 万元

股权奖励发放时间以拟投公司工商注册登记时间为准。

归学校及二级单位所有的股权（对应出资额 149 万元）由 N 科技园有限公司代持，其股权收益上缴学校，学校将税后股权收益的 50%划拨给二级单位。

特此公示，公示期限为 15 个工作日，自 2023 年 4 月 14 日至 2023 年 5 月 8 日止。

如对上述公示内容有异议，可在公示期内以书面形式提出。单位应加盖公章，个人应签署真实姓名，并注明联系方式。

6.6.4　发放奖励

6.6.4.1　现金奖励

（1）发放前提。现金奖励发放应当与科技成果转化的现金流相衔接。为尽可能降低财务风险，原则上单位应当在合同结束、收到全部款项（质保金除外）、所有成本归集完成，并且按收支配比原则核定成果转化净收入后再实施奖励。对数量较多、金额较小的合同，单位可根据情况按年度集中发放奖励。

（2）发放频次。2018 年，财政部、税务总局、科技部联合发布的《关于科技人员取得职务科技成果转化现金奖励有关个人所得税政策的通知》（财税〔2018〕58 号）规定："现金奖励是指非营利性科研机构和高校在取得科技成果转化收入三年（36 个月）内奖励给科技人员的现金。"也就是说，科技成果转化现金奖励可以在取得收入后一次性发放，也可以在取得收入后 36 个月内分多次发放。科研机构和高校分次取得科技成果转化收入的，以每次实际取得日期为准。

（3）提前预支。若合同跨度时间长，确需提前发放部分奖励的，单位应当结合当期收款和成本开支情况进行测算，预估后期可能发生的成本费用，使奖励发放额度尽可能控制在不产生财务风险的水平上。同时，单位应提前与奖励人员约定，如合同执行过程中或合同结束后，出现超额预支奖励的情况，奖励人员应将超额发放的奖励交回。

6.6.4.2 股权奖励

科研机构、高校兑现给予科技成果完成贡献人和转化贡献人的股权奖励，需履行以下程序：

（1）对科技成果完成单位以科技成果作价投资所取得的股份或出资比例进行分割。

（2）到市场监督管理部门办理股东及其股份或出资比例的登记。办理登记可采取两种方式：一是"两步走"的做法，第一步将科技成果作价投资取得股权登记到单位，第二步从单位股权中提出不低于 50% 的比例奖励做出重要贡献的人员并办理工商变更登记。两次办理手续复杂，部分资料需要重复提供。此外，涉及国家设立的科研机构、高校股权投资的变更，还需要在年终决算时作出国有资产变动说明，部分主管税务机关要求提供主管部门关于股权变更的批复。二是"两步并一步"的做法，即根据事先约定和已履行到位的奖励程序，将单位持有股权和奖励个人股权同时办理工商登记。

（3）办理国有资本产权登记。国家设立的科研机构、高校应当按照《事业单位及事业单位所办企业国有资产产权登记管理办法》（财教〔2012〕242 号）和《中央党政机关和事业单位所属企业国有资本产权登记管理暂行办法》（财资〔2023〕90 号）的要求，指导并督促科技成果作价投资形成的企业办理国有资本产权登记。根据财政部《关于进一步加大授权力度 促进科技成果转化的通知》(财资〔2019〕57号)要求，国家设立的中央级研究开发机构、高等院校以科技成果作价投资形成的企业，由中央级研究开发机构、高等院校的主管部门办理国有资本产权登记。

6.6.5 个人所得税备案

单位向完成贡献人和转化贡献人发放科技成果转化现金奖励或股权奖励后，应当于发放之日的次月15日内，向主管税务机关备案(具体介绍见本书"7.2 个人所得税税收优惠")。

6.7 尽职免责

国家设立的科研机构、高校等科研事业单位，在实施职务科技成果转化尤其是做出相关决策时，往往对成果如何定价、国有资产保值增值、奖励分配等方面心存顾虑。如果科技成果后续价格上升，会不会面临低估科技成果价值的质疑？如果科技成果作价入股的企业后续因经营不善倒闭，会不会被认定造成了国有资产损失？如果科技成果转化实施奖励分配后引起第三方纠纷，会不会给单位造成不良影响？这也导致部分单位和管理人员担心被后续检查、审计等追责问责。

现实中，科技成果转化作为新技术、新工艺、新产品的前端驱动和承载，本身就面临一定的风险和不确定性，如果一味强调成果转化收益或奖励分配方案的绝对精准和公平，将会为科研人员和相关管理人员带来巨大的心理压力，影响科技成果转化的正常实施。为了消除科研人员、管理人员的后顾之忧，鼓励和激励单位、科研人员积极参与科技成果转化工作，上海市、陕西省等在建立尽职免责机制、实施审慎包容监管方面开展了有益的探索。

2023年7月，上海市科委、上海市教委、上海市卫生健康委、上海市发展改革委、上海市财政局、上海市人力资源和社会保障局、上海市知识产权局印发了《上海市科技成果转化创新改革试点实施方案》(沪科规〔2023〕9号)，其附件之一是《上海市科技成果转化尽职免责制度指引》，目的就是要消除科研人员、管理人员和领导人员开展科技成果转化的顾虑，激发试点单位的转化积极性和科研人员干事创业的主动性、创造性。

2023 年 12 月，陕西省科学技术厅、陕西省教育厅、陕西省财政厅、陕西省人力资源和社会保障厅、陕西省卫生健康委员会、陕西省审计厅印发了《陕西省科技成果转化尽职免责工作指引（试行）》（陕科办发〔2023〕59 号），要求以是否符合中央精神和改革方向、是否有利于科技成果转化作为对科技成果转化活动的定性判断标准，实行审慎包容监管。

两项指引均明确了相应的免责条款和负面清单。其中，免责情形包括：

（1）产权归属。科研人员在完成科技成果之后，及时向本单位披露科技成果情况，经审核后，认为不应以单位名义申请、登记知识产权，并据此放弃申请、登记知识产权导致单位利益受损的。

（2）关联交易。管理人员和领导人员在科技成果转化过程中，虽已履行关联交易相关规定程序，但仍因科研人员在成果转化中存在关联交易导致单位利益受损的。

（3）成果定价。管理人员和领导人员通过技术交易市场挂牌交易、拍卖等方式确定价格，或者通过协议定价并在本单位及技术交易市场公示拟交易价格，但科技成果后续产生较大的价值变化，导致单位利益受损的。

（4）赋权转化。管理人员和领导人员在赋予科研人员职务科技成果长期使用权或所有权过程中，按照规定程序将赋权成果许可或转让给科研人员，因科研人员创业失败，导致单位无法收回收益的。

（5）委托管理。按照规定将单位科技成果作价投资形成的股权委托给国有全资"技术托管"平台管理，因成果转化企业经营不善，导致单位国有资产减损或无法收回收益的。

（6）纠纷争议。管理人员和领导人员在科技成果转化过程中，虽已履行公示等相关规定程序，仍因科技成果转化活动引起科技成果权属争议、奖酬分配争议，给单位造成纠纷或不良影响的。

（7）先行先试。按照国家和本市科技成果转化改革试点要求，管理人员和领导人员探索科技成果转化的具体路径和模式，先行先试开展科技成果转化活动，仍给试点单位造成损失的。

以上情形中，科研人员和管理人员履行了民主决策程序、合理注意义务和监督管理职责，不存在牟取非法利益情况的，视为已履行勤勉尽责义务，不予追究相关责任。

两项指引对主观恶意、有规不行的科技成果转化行为同样制定了负面清单，明确不得免责，应依法依规追究相关责任人的责任。负面清单的情形包括以下六项：

（1）未经单位允许利用职务科技成果创办企业。

（2）未经单位授权将职务科技成果据为己有。

（3）非法侵占他人科技成果。

（4）利用职务之便干扰阻碍成果转化工作。

（5）玩忽职守、以权谋私。

（6）违反任职回避和履职回避等相关规定。

上海市、陕西省关于尽职免责制度指引的制定，是对"三个区分开来"原则的具象化，将底线思维和容错空间清晰区分开来，通过明确的正向列举式的责任划分，增强尽职免责机制的可执行性，也有助于鼓励符合科技成果转化改革方向和行为导向的先行先试、探索创新。

本章结合科研机构实施科技成果转化奖励中存在的问题，在梳理相关政策法规的基础上，以科技成果转化奖励操作流程为主线，提示操作要点，列举可行步骤，希望能够帮助厘清科技成果转化奖励中的重点、难点，切实减轻科技人员和科技成果转化管理人员的工作负担，推动单位规范、有序地开展科技成果转化奖励工作，促进科技成果转化相关激励政策落实落地。

科技成果转化的税收优惠

7.1 科技成果转化的税收优惠政策沿革

税收优惠是国家对征税对象在一定条件下给予扶持和照顾的特殊政策。

早在 1985 年，国家就出台了关于科技成果转让的税收优惠政策。《中共中央关于科学技术体制改革的决定》（中发〔1985〕6 号）规定："转让技术成果的收入，近期一律免税。新产品可在一定期限内享受减免税收的优惠。"

1996 年，国家首次以立法的形式对科技成果转化活动实行税收优惠政策予以明确。《中华人民共和国促进科技成果转化法》规定："国家对科技成果转化活动实行税收优惠政策。具体办法由国务院规定。"

为落实这一要求，1999 年，经国务院批准，财政部、国家税务总局出台了《财政部 国家税务总局关于促进科技成果转化有关税收政策的通知》（财税字〔1999〕45 号），针对科研机构、高等学校的营业税、企业所得税和个人奖励相关税收优惠作出了明确规定。

2008 年 7 月 1 日，修订后的《中华人民共和国科学技术进步法》规定了从事技术开发、技术转让、技术咨询、技术服务等活动，高新技术企业和投资中小型高新技术企业的创业投资企业按照国家有关规定享受税收优惠。

2015 年 10 月 1 日，修订后的《中华人民共和国促进科技成果转化法》将科技成果转化活动的税收优惠政策修改为"国家依照有关税收法律、行政法规规定对科技成果转化活动实行税收优惠"。这一修改的目的，是进一步明确税收优惠政策的法治性。有关税收的事项如税种的设立、税率的确定和税收征收管理等是我国最高立法机关的专属权力。根据《中华人民共和国税收征收管理法》的规定，"税收的开征、停征以及减税、免税、退税、补税，依照法律的规定执行；法律授权国务院规定的，依照国务院制定的行政法规的规定执行"。任何机关、单位和个人不得擅自作出减税、免税、退税、补税的决定，必须按照法律和法律授权制定的行政法规要求执行。

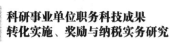

7.2 个人所得税税收优惠

7.2.1 股权奖励

7.2.1.1 取得股权

1999 年，财政部、国家税务总局出台《财政部 国家税务总局关于促进科技成果转化有关税收政策的通知》（财税字〔1999〕45 号），针对科研机构、高等学校转化职务科技成果以股份或出资比例等股权形式给予个人奖励，明确规定"获奖人在取得股份、出资比例时，暂不缴纳个人所得税"。

针对股权奖励暂不缴纳个人所得税的具体操作流程，1999 年，国家税务总局出台了《国家税务总局关于促进科技成果转化有关个人所得税问题的通知》（国税发〔1999〕125 号），明确规定须经主管税务机关审核后，方可享受暂不征收个人所得税优惠政策。该通知规定："科研机构、高等学校转化职务科技成果以股份或出资比例等股权形式给予科技人员个人奖励，经主管税务机关审核后，暂不征收个人所得税。为了便于主管税务机关审核，奖励单位或获奖人应向主管税务机关提供有关部门根据国家科委和国家工商行政管理局联合制定的《关于以高新技术成果出资入股若干问题的规定》（国科发政字〔1997〕326 号）和科学技术部和国家工商行政管理局联合制定的《〈关于以高新技术成果出资入股若干问题的规定〉实施办法》（国科发政字〔1998〕171 号）出具的《出资入股高新技术成果认定书》、工商行政管理部门办理的企业登记手续及经工商行政管理机关登记注册的评估机构的技术成果价值评估报告和确认书。不提供上述资料的，不得享受暂不征收个人所得税优惠政策。"

2007 年，根据国务院关于行政审批制度改革工作的要求，国家税务总局出台了《国家税务总局关于取消促进科技成果转化暂不征收个人所得税审核权有关问题的通知》（国税函〔2007〕833 号），取消了各主管税务机关对以股份或出资比例等股权形式给个人奖励暂不征收个人所得税的审核权，改为对相关材料进行核对确认和台账管理。该通知规定："（一）将职务科技成果转化为股份、投资比例的科研机构、高等学校或者获奖人员，应在授（获）

奖后 30 日内，向主管税务机关提交相关部门出具的《出资入股高新技术成果认定书》、技术成果价值评估报告和确认书，以及奖励的其他相关详细资料。（二）主管税务机关应对科研机构、高等学校或者获奖人员提供的上述材料认真核对确认，并将其归入纳税人和扣缴义务人的'一户式'档案，一并动态管理。（三）主管税务机关应对获奖人员建立电子台账（条件不具备的可建立纸质台账），及时登记奖励相关信息和股权转让等信息，具体包括授奖单位、获奖人员的姓名、获奖金额、获奖时间、职务转化股权数量或者出资比例、股权转让情况等信息，并根据获奖人员股权或者出资比例变动情况，及时更新电子台账和纸质台账，加强管理。（四）主管税务机关要加强对有关科研机构、高等学校或者获奖人员的日常检查，及时掌握奖励和股权转让等相关信息，防止出现管理漏洞。"

2016 年 1 月，为深化落实"放管服"改革要求，国家税务总局出台了《国家税务总局关于 3 项个人所得税事项取消审批实施后续管理的公告》（国家税务总局公告 2016 年第 5 号），将科技成果转化暂不征收个人所得税优惠政策由核对确认调整为备案，并进一步简化了备案资料。该公告规定："按照《国家税务总局关于促进科技成果转化有关个人所得税问题的通知》（国税发〔1999〕125 号）和《国家税务总局关于取消促进科技成果转化暂不征收个人所得税审核权有关问题的通知》（国税函〔2007〕833 号）规定，将职务科技成果转化为股份、投资比例的科研机构、高等学校或者获奖人员，应在授（获）奖的次月 15 日内向主管税务机关备案，报送《科技成果转化暂不征收个人所得税备案表》（见附件 1）。技术成果价值评估报告、股权奖励文件及其他证明材料由奖励单位留存备查。"

目前，科研机构、高等学校转化职务科技成果以股份或出资比例等股权形式给予个人奖励，在规定期限内向主管税务机关真实、完整报送科技成果转化暂不征收个人所得税备案表（见表 7-1），同时留存备查其他证明材料，即可享受暂不征收个人所得税优惠政策。

表 7-1　科技成果转化暂不征收个人所得税备案表

备案编号（主管税务机关填写）：　　　　　　　　　　单位：人民币元（列至角分）

奖励单位基本情况										
奖励单位名称		纳税人识别号		地址			联系人		电话	
获奖人员基本情况										
序号	姓名	身份证照类型	身份证照号码	职务	获奖时间	获得股权奖励形式及数量		涉及单位名称	获奖金额	签名
						股份数量/股	出资比例/%			
科技成果基本情况										
科技成果名称				基本情况说明						
谨声明：此表是根据《中华人民共和国个人所得税法》及有关法律法规规定填写的，是真实的、完整的、可靠的。										
科研机构或高等学校签章： 经办人（获奖人）： 　　办理日期：　年　月　日				主管税务机关受理章： 受理人： 　　受理日期：　年　月　日						

7.2.1.2　转让股权

"财税字〔1999〕45 号文"规定，获奖人转让股权、出资比例所得时，应依法缴纳个人所得税。同年，"国税发〔1999〕125 号文"进一步明确，"获奖人转让股权、出资比例，对其所得按'财产转让所得'应税项目征收个人所得税，财产原值为零"。

2016 年，财政部、国家税务总局出台《财政部 国家税务总局关于完善股权激励和技术入股有关所得税政策的通知》（财税〔2016〕101 号），规定符合条件的股权奖励实行递延纳税政策，股权转让时，按照股权转让收入减除股权取得成本以及合理税费后的差额，适用"财产转让所得"项目，按照 20% 的税率计算缴纳个人所得税。

也就是说，虽然获奖人在取得股权、出资比例时暂不征收个人所得税，但需在股权、出资比例转让时按 20% 的税率缴纳个人所得税。

应纳税所得额＝股权转让收入−财产原值（0）−股权转让时按规定支付的税费等。

案例 7-1：A 科研院所以职务科技成果与合作方投资设立 B 公司，职务科技成果作价 300 万元，取得 B 公司 30% 的股权。A 科研院所将 B 公司 20% 的股权奖励给对本次科技成果转化做出重要贡献的人员，其中职工张三获得 15% 的股权奖励，职工李四获得 5% 的股权奖励，李四又自行以货币资金 10 万元跟投，另外获得 1% 的股权。五年后，B 公司发展势头良好，净资产价值为 2 000 万元。张三和李四拟转让所持全部 B 公司股份，假设转让收入分别为 300 万元和 120 万元，张三和李四应缴纳多少个人所得税？

张三应纳个人所得税金额＝（股权转让收入−股权原值−合理费用）×20%
$$=（300-0-300×0.05\%）×20\%$$
$$=59.97（万元）$$

李四应纳个人所得税金额＝（股权转让收入−股权原值−合理费用）×20%
$$=（120-10-120×0.05\%）×20\%$$
$$=21.988（万元）$$

注：个人股权转让的合理费用主要为印花税、资产评估费、中介费等，案例中仅考虑印花税。个人股权转让所属印花税税目为"产权转移书据"，其税率为所载金额 0.05%。

7.2.1.3　取得分红

获奖人持有股权、出资比例期间取得的分红，按照《中华人民共和国个人所得税法》和"财税字〔1999〕45 号文"的规定，应依法缴纳个人所得税。

其中，应纳税所得额＝每次收入额×适用比例税率（税率为 20%）。

案例 7-2：A 科研院所以职务科技成果与合作方投资设立 B 公司，职务科技成果作价 300 万元，取得 B 公司 30% 的股权。A 科研院所将 B 公司 20% 的股权奖励给对本次科技成果转化做出重要贡献的人员，其中职工张三获得 15% 的股权奖励，职工李四获得 5% 的股权奖励，李四又自行以货币资金 10 万元跟投，另外获得 1% 的股权。三年后，B 公司向股东分红共计 100 万元，张三和李四取得分红后，应缴纳多少个人所得税？

张三应纳个人所得税金额 = 每次分红收入额×20%

= 100×15%×20%

= 3（万元）

李四应纳个人所得税金额 = 每次分红收入额×20%

= 100×6%×20%

= 1.2（万元）

7.2.2 现金奖励

7.2.2.1 政策内容

2015 年修订的《中华人民共和国促进科技成果转化法》规定："国有企业、事业单位依照本法规定对完成、转化职务科技成果做出重要贡献的人员给予奖励和报酬的支出计入当年本单位工资总额，但不受当年本单位工资总额限制、不纳入本单位工资总额基数。"按照此规定，获奖人员取得的科技成果转化现金奖励属于工资薪金所得，适用累进税率缴纳个人所得税。

2018 年以前，国家未出台专门针对科技成果转化现金奖励的税收优惠政策。

2018 年，为进一步支持国家大众创业、万众创新战略的实施，促进科技成果转化，《财政部 税务总局 科技部关于科技人员取得职务科技成果转化现金奖励有关个人所得税政策的通知》（财税〔2018〕58 号）发布。该通知规定："依法批准设立的非营利性研究开发机构和高等学校（以下简称非营利性科研机构和高校）根据《中华人民共和国促进科技成果转化法》规定，从职务科技成果转化收入中给予科技人员的现金奖励，可减按 50% 计入科技人员当月'工资、薪金所得'，依法缴纳个人所得税。"也就是说，在新的个人所得税相关政策下，现金奖励减半后与科技人员的工资薪金所得等合并计算应纳税所得额，适用超额累进税率。该通知还规定："现金奖励是指非营利性科研机构和高校在取得科技成果转化收入三年（36 个月）内奖励给科技人员的现金。"适用"减按50%征收"的现金奖励可在实际取得科技成果转化收入之日起36个月内分次向科技人员发放，从税收筹划的角度，可以在三年内分多次发放、分摊计税，从而降低科技人员税负。

7.2.2.2　适用范畴

根据"财税〔2018〕58 号文"的规定，适用减半征税优惠政策的科技成果转化现金奖励，必须符合以下条件：

（1）实施主体。实施主体必须是依法批准设立的非营利性科研机构和高校，包括国家设立和民办非营利两大类。国家设立的科研机构和高校是指利用财政性资金设立、取得《事业单位法人证书》的中央和地方所属科研机构和高校。民办非营利性科研机构和高校是指根据《民办非企业单位登记管理暂行条例》在民政部门登记、取得《民办非企业单位登记证书》，证书记载业务范围属于"科学研究与技术开发、成果转让、科技咨询与服务、科技成果评估"范围，经认定取得企业所得税非营利组织免税资格的科研机构和高校。其中，民办高校还应取得教育主管部门颁发的《民办学校办学许可证》且记载学校类型为"高等学校"。

（2）享受主体。享受主体必须是非营利性科研机构和高校中对完成或转化职务科技成果做出重要贡献的人员。

（3）享受条件。享受条件如下：

①科技成果必须是取得知识产权保护的科技成果，包括专利技术（含国防专利）、计算机软件著作权、集成电路布图设计专有权、植物新品种权、生物医药新品种以及科技部、财政部、税务总局确定的其他技术成果。

②仅适用于向他人转让科技成果或许可他人使用科技成果两种行为，自行投资实施转化或技术开发、技术咨询、技术服务等其他科技成果转化行为不适用该政策。

7.2.2.3　申报要求

（1）技术合同认定登记。非营利性科研机构和高校应当针对科技成果转让或许可行为，签订技术合同，在技术合同登记机构进行审核登记，并取得技术合同认定登记证明。

（2）公示。科技成果现金奖励发放前，非营利性科研机构和高校应按照2018 年《科技部 财政部 税务总局关于科技人员取得职务科技成果转化现金奖励信息公示办法的通知》（国科发政〔2018〕103 号）的规定公示有关科技人员名单及相关信息（国防专利转化除外）。公示信息应当包含科技成果转化信息、奖励人员信息、现金奖励信息、技术合同登记信息、公示期限等内容（具体见本书"6.6.3 公示"）。

（3）申报。非营利性科研机构和高校向科技人员发放职务科技成果转化现金奖励，应按照《国家税务总局关于科技人员取得职务科技成果转化现金奖励有关个人所得税征管问题的公告》（国家税务总局公告 2018 年第 30 号）的规定，于发放之日的次月 15 日内，向主管税务机关报送科技人员取得职务科技成果转化现金奖励个人所得税备案表（见表 7-2）。单位资质材料（《事业单位法人证书》《民办学校办学许可证》《民办非企业单位登记证书》等）、科技成果转化技术合同、科技人员现金奖励公示材料、现金奖励公示结果文件等相关资料由单位自行留存备查。

7.2.2.4 计税方法比较

自 2019 年 1 月 1 日起施行的《中华人民共和国个人所得税法》通过提高个人所得税免征额、新增专项附加扣除和建立综合与分类所得相结合的所得税制度，进一步调节居民收入分配、缩小收入差距。

根据《中华人民共和国个人所得税法》的规定，工资薪金所得、劳务报酬所得、稿酬所得、特许权使用费所得并称为综合所得，按纳税年度合并计算个人所得税，适用 3%~45% 的超额累进税率。

应纳个人所得税额 = ［年度工资薪金+科技成果转化现金奖励×50%+劳务报酬×（1－20%）+稿酬×（1－20%）×70%+特许权使用费×（1－20%）－6 万元－专项扣除－专项附加扣除－依法确定的其他扣除］×适用税率－速算扣除数

此处的应纳个人所得税额是指按年计算的个人综合所得汇算清缴后应纳的个人所得税额，与按月或按次预扣预缴的个人所得税额存在差异。

由于个人所得税关于全年一次性奖金可以"不并入当年综合所得，以全年一次性奖金收入除以 12 个月得到的数额，确定适用税率和速算扣除数，单独计算纳税"的优惠政策目前仍在执行中［《财政部 税务总局关于延续实施全年一次性奖金个人所得税政策的公告》（财政部 税务总局公告 2023 年第 30 号）］[1]，科技成果转化现金奖励也可选择不享受"减按 50% 征收"优惠政策，而是直接并入全年一次性奖金发放，适用全年一次性奖金纳税政策，单独计算纳税。

---

[1] 全年一次性奖金单独计税优惠政策执行期限延长至 2027 年 12 月 31 日。

表7-2 科技人员取得职务科技成果转化现金奖励个人所得税备案表

单位：人民币元（列至角分）

备案标号（主管税务机关填写）：

扣缴义务人基本情况			
扣缴义务人名称			
扣缴义务人纳税人识别号			
扣缴义务人类型	□国家设立的科研机构 □国家设立的高校 □民办非营利性科研机构 □民办非营利性高校 □其他		

科技成果基本情况			
科技成果类型	发证部门		科技成果证书编号
科技成果名称			

科技成果转化及现金奖励公示情况

技术合同登记机构		技术合同编号		技术合同项目名称	
取得转化收入时间		公示结果文件文号		公示结果文件名称	

科技成果取得现金奖励基本情况

转化方式	□转让 □许可使用				
取得转化收入金额					
序号	姓名	身份证照类型	身份证照号码	现金奖励金额	现金奖励取得时间

谨声明：此表是根据《中华人民共和国个人所得税法》及相关法律法规规定填写的，是真实的、完整的、可靠的。

单位签章：

经办人：

填报日期： 年 月 日

主管税务机关印章：

受理人：

受理日期： 年 月 日

全年一次性奖金应纳税额的计算公式如下：

全年一次性奖金应纳税额＝全年一次性奖金收入×适用税率－速算扣除数

关于科技成果转化现金奖励选择"减按50%征收"或"计入全年一次性奖金单独计算纳税"，哪种方式更能减轻科技人员税负，我们以案例来说明。

案例7-3： A科研院所转让职务科技成果取得转让收入1 000万元，其中拟奖励做出重要贡献人员张三现金20万元，张三本年扣除"五险一金"（专项扣除）的税前工资为15万元，本年内另取得稿酬2万元，年终一次性奖金10万元，符合专项附加扣除条件的子女教育和住房贷款利息支出2.4万元，符合其他扣除条件的职业年金和商业养老保险3万元。科技成果转化现金奖励选择"减按50%征收"或"计入全年一次性奖金单独计算纳税"，哪种方式张三缴纳的个人所得税较少？

张三选择"减按50%征收"应纳个人所得税＝[专项扣除后的年度工资薪金＋科技成果转化现金奖励×50%＋稿酬×（1-20%）×70%-6万元-专项附加扣除-依法确定的其他扣除]×适用税率-速算扣除数＋（全年一次性奖金×适用税率-速算扣除数）＝[15+20×50%+2×（1-20%）×70%-6-2.4-3]×20%-1.692+（10×10%-0.021）＝2.231（万元）

张三选择"计入全年一次性奖金"应纳个人所得税＝[专项扣除后的年度工资薪金＋稿酬×（1-20%）×70%-6万元-专项附加扣除-依法确定的其他扣除]×适用税率-速算扣除数＋[（全年一次性奖金＋科技成果转化奖励）×适用税率-速算扣除数]＝[15+2×（1-20%）×70%-6-2.4-3]×10%-0.252+[（10+20）×20%-0.141）]＝6.079（万元）

在这一案例中，选择科技成果转化现金奖励"减按50%征收"缴纳个人所得税对张三更为有利。

案例7-4： B科研院所转让职务科技成果取得转让收入100万元，其中拟奖励做出重要贡献人李四现金2万元，李四本年扣除"五险一金"（专项扣除）的税前工资为25万元，年终一次性奖金1万元，符合专项附加扣除条件的子女教育和住房贷款利息支出2.4万元，符合其他扣除条件的职业年金和商业养老保险2万元。科技成果转化现金奖励选择"减按50%征收"或"计入全年一次性奖金单独计算纳税"，哪种方式李四缴纳的个人所得税较少？

李四选择"减按50%征收"应纳个人所得税＝[专项扣除后的年度工资薪金＋科技成果转化现金奖励×50%-6万元-专项附加扣除-依法确定的其他扣

除]×适用税率−速算扣除数+（全年一次性奖金×适用税率−速算扣除数）

$$=[25+2×50\%−6−2.4−3]×20\%−1.692−0+(1×3\%−0)$$

$$=1.258（万元）$$

李四选择"计入全年一次性奖金"应纳个人所得税=［专项扣除后的年度工资薪金−6万元−专项附加扣除−依法确定的其他扣除］×适用税率−速算扣除数+［（全年一次性奖金+科技成果转化奖励）×适用税率−速算扣除数］

$$=[25−6−2.4−3]×10\%−0.252+[（1+2）×3\%−0]$$

$$=1.198（万元）$$

在这一案例中，选择科技成果转化现金奖励"计入全年一次性奖金"缴纳个人所得税对李四更为有利。

从上述两个案例可以看出，科技成果转化现金奖励是选择"减按50%征收"还是选择"计入全年一次性奖金"没有绝对的优劣，减税效应在多种因素的影响下会呈现不同的结果。但整体而言，科技成果转化现金奖励金额越大，选择"减按50%征收"的纳税政策对纳税人越有利。

7.2.3 问题和建议

7.2.3.1 股权奖励个人所得税优惠政策关于人员类别的限制

"国税发〔1999〕125号文"明确规定，享受股权奖励暂不征收个人所得税优惠政策的科技人员必须是科研机构和高校的在编正式职工。这一要求目前尚未废止。按照此规定，除在编正式职工外，以灵活用工方式外聘的专家学者、兼职人员或研究团队中从事科研的学生等不得享受此优惠。但实践中，以聘用方式参与科技成果研发的人员仍然有可能成为科技成果的重要贡献人，这部分人员也应当与在编正式职工同样具备享受上述优惠政策的权利。

与科研机构、高校员工享受股权奖励税收优惠政策的资格限制相比，企业员工获得股权奖励享受税收优惠政策适用范围更为宽松。2016年，《财政部国家税务总局关于完善股权激励和技术入股有关所得税政策的通知》（财税〔2016〕101号）出台。该通知规定，非上市公司授予本公司员工的股票期权、股权期权、限制性股票和股权奖励，符合规定条件的，经向主管税务机关备案，可实行递延纳税政策，即员工在取得股权激励时可暂不纳税，递延至转让该股权时纳税。奖励对象为"公司董事会或股东（大）会决定的技术骨干和高级管理人员，激励对象人数累计不得超过本公司最近 6 个月在职职工平均人数的 30%"。从这些规定可以看出，符合条件的企业实施股权奖励，可享受个人所得税优惠政策的对象范围相比于科研机构、高校更为广泛，既包括科技人员，也包括管理骨干，并且并未局限于企业正式职工。

2015 年修订的《中华人民共和国促进科技成果转化法》对奖励对象的范围界定为"对完成、转化职务科技成果做出重要贡献的人员"，从完成和转化两个方面充分考虑做出贡献的人员，而不是从人员身份属性予以界定。建议相关部门充分衔接《中华人民共和国促进科技成果转化法》的精神实质，对国税发〔1999〕125 号予以修订，将享受股权奖励个人所得税优惠政策的科技人员"必须是科研机构和高等学校的在编正式职工"修改为"对完成、转化职务科技成果作出重要贡献的人员"，充分体现国家鼓励大众创业、万众创新的精神，不唯身份论。

7.2.3.2 现金奖励个人所得税优惠政策关于科技成果类别和转化方式的限制

"财税〔2018〕58 号文"明确规定了科技成果的范畴，必须是取得知识产权保护的科技成果，没有取得知识产权保护的技术成果，如专有技术（技术秘密）等，则未包含在内。同时，"财税〔2018〕58 号文"规定了科技成果转化行为的类别，必须是向他人转让或许可他人使用，其他科技成果转化行为，如自行实施、技术开发、技术咨询、技术服务等均不适用该政策。

一方面，从科研机构和高校科技成果转化的实际情况看，大量的科技成果以专有技术的方式存在，部分专有技术与专利技术、计算机软件著作权等共同构成支撑某项新工艺、新材料、新产品研发的"技术群"，单独将专有技术与专利技术区分开来，既不符合现实也难以操作。另一方面，科技成果转让后，为生产出新产品、新工艺、新材料等，仍然还需要进一步开发、完善、服务等，以使其形成一项较稳定的技术、工艺或产品。2021 年修订的《中华人民共和国促进科技进步法》明确规定："技术开发、技术咨询、技术服务等活动的奖酬金提取，按照科技成果转化有关规定执行。"技术开发、技术咨询、技术服务作为科研机构、高校的重要科技成果转化方式，应当与科技成果转让、许可享受同样的税收优惠政策。

笔者建议，对科技成果及科技成果转化行为的界定应回归其本源，即科技成果是通过科学研究与技术开发所产生的具有实用价值的成果，不仅局限于取得知识产权保护的科技成果。科技成果转化行为是为提高生产力水平而对科技成果进行的后续试验、开发、应用、推广直至形成新技术、新工艺、新材料、新产品，发展新产业等活动，不仅局限于科技成果转让或许可。符合科技成果和科技成果转化行为实质的，都应当适用现金奖励个人所得税优惠政策。

7.2.3.3　个人所得税优惠政策的实施效果

从上文计税方法比较的案例7-3和案例7-4可以看出，科技成果转化现金奖励缴纳个人所得税时，可能存在"减按50%征收"所能享受的税收优惠小于"将科技成果转化现金奖励纳入全年一次性奖金发放"的情况。尤其是科技成果转化奖励是一种非普适性的奖励，奖励范围相对较小，奖励金额相对较高，容易导致获奖人员税负适用高阶税率（35%～45%），从而使现金奖励个人所得税优惠政策的效果不凸显。此外，根据中共中央办公厅、国务院办公厅《关于实行以增加知识价值为导向分配政策的若干意见》（厅字〔2016〕35号）"探索赋予科研人员科技成果所有权或长期使用权"的规定，部分试点科研机构和高校已可以将科技成果所有权赋予主要完成人，由主要完成人自行实施科技成果转化。在这一情形下，科技人员转让科技成果的所得不再按照"工资薪金所得"计算缴纳个人所得税，而是适用"财产转让所得"，税率仅为20%，可能远低于由单位实施转化再给予现金奖励应缴纳的个人所得税。

笔者建议，针对科技成果转化现金奖励，考虑消除计入日常工资薪金和计入全年一次性奖金可能造成的税负差异，消除科技成果由单位实施转化和由个人实施转化可能造成的税率差异，以财产转让所得税税率20%作为现金奖励的税率上限，降低科技人员税负，以进一步加大税收优惠政策对激励创新的支持力度。

个人所得税优惠政策比较如表7-3所示。

表 7-3　个人所得税优惠政策比较

奖励类型	科技成果转化方式	税收政策	政策依据	适用范围	征管规定
股权奖励	科技成果作价投资	获奖人在取得股份、出资比例时，暂不缴纳个人所得税。取得分红或转让股权、出资比例所得时，按20%税率缴纳个人所得税	财税字〔1999〕45号、国税发〔1999〕125号、国家税务总局公告2016年第5号	受奖人员是科研机构和高等学校的在编正式职工	在获奖的次月15日内向主管税务机关备案
现金奖励	科技成果转让、科技成果许可	从职务科技成果转化收入中给予科技人员的现金奖励，可减按50%计入科技人员当月"工资、薪金所得"，三年内（36个月）奖励给科技人员	财税〔2018〕58号、国家税务总局公告2018年第30号	（1）科技成果必须取得知识产权保护；（2）科技成果完成单位必须是非营利性科研机构和高校；（3）受奖人员是对完成或转化职务科技成果做出重要贡献的人员	于现金奖励发放之日的次月15日内，向主管税务机关备案

注：相关税收优惠政策梳理至 2023 年 8 月 31 日。

7.3　企业所得税税收优惠

　　大部分科研机构定位于公益类和准公益类科研组织，其主要任务是从事基础前沿研究、公益性研究、应用技术开发等。科研机构、高校的收入大多来自财政拨款和各政府部门以科研项目形式拨付的财政资金等，属于企业所得税不征税收入范畴，部分单位关于企业所得税的纳税意识比较淡薄，认为无需缴纳企业所得税。

　　早在 1994 年，《中华人民共和国企业所得税暂行条例》（国务院令第 137 号）及《中华人民共和国企业所得税暂行条例实施细则》（财法字〔94〕3 号）就明确规定，"依法注册、登记的事业单位、社会团体等组织"为企业所得税的纳税义务人。

　　1997 年，《财政部 国家税务总局关于事业单位社会团体征收企业所得税有关问题的通知》（财税字〔1997〕75 号）再次强调："凡经国家有关部门批准，依法注册、登记的事业单位和社会团体，其取得的生产经营所得和其他所得，应一律按条例及其实施细则和有关税收政策的规定，征收企业所得税。""事业单位和社会团体的收入，除财政拨款和国务院或财政部、国家税务总局规定免征企业所得税的项目外，其他一切收入都应并入其应纳税收入总额，依法计征企业所得税。"

2008 年，《中华人民共和国企业所得税法》及其实施条例出台，明确规定居民企业应当就其来源于中国境内、境外的所得缴纳企业所得税。居民企业的内涵包括依法在中国境内成立的企业、事业单位、社会团体以及其他取得收入的组织，或者依照外国（地区）法律成立但实际管理机构在中国境内的组织。

事业单位性质的科研机构、高校作为企业所得税的纳税义务人之一，也必须按照《中华人民共和国企业所得税法》和相关行政法规的规定，以每一纳税年度的收入总额，减除不征税收入、免税收入、各项扣除以及允许弥补的以前年度亏损后的余额，选择适用税率，计算缴纳企业所得税。

7.3.1 科技成果转让

7.3.1.1 政策内容

1999 年，《财政部 国家税务总局关于促进科技成果转化有关税收政策的通知》（财税字〔1999〕45 号）明确规定就科研机构、高校的科技成果转化涉及的企业所得税给予税收优惠，"科研机构、高等学校服务于各业的技术成果转让、技术培训、技术咨询、技术服务、技术承包所取得的技术性服务收入暂免征收企业所得税"。这一规定基本将科研机构、高校取得现金收入类的科技成果转化行为全部囊括在内，对于科研机构、高校而言无疑给予了力度非常大的税收优惠。

2008 年，国家首次以立法形式统一了内外资企业所得税制度，出台《中华人民共和国企业所得税法》，实现了企业所得税"两税合一"，建立了更加公平的税制机制。为与《中华人民共和国企业所得税法》相衔接，财政部、国家税务总局发布《财政部 国家税务总局关于企业所得税若干优惠政策的通知》（财税〔2008〕1 号），要求"除《中华人民共和国企业所得税法》《中华人民共和国企业所得税法实施条例》《国务院关于实施企业所得税过渡优惠政策的通知》（国发〔2007〕39号），《国务院关于经济特区和上海浦东新区新设立高新技术企业实行过渡性税收优惠的通知》（国发〔2007〕40号）及本通知规定的优惠政策以外，2008年1月1日之前实施的其他企业所得税优惠政策一律废止。各地区、各部门一律不得越权制定企业所得税的优惠政策。"

按照这一规定，"财税字〔1999〕45号文"的"技术成果转让、技术培训、技术咨询、技术服务、技术承包所取得的技术性服务收入暂免征收企业所得税"的优惠政策在2008年被画上句号。新的企业所得税优惠政策是根据《中华人民共和国企业所得税法》及其实施条例的规定，一个纳税年度内，技术转让所得不超过500万元的部分，免征企业所得税；超过500万元的部分，减半征收企业所得税。

7.3.1.2 适用范畴

2010年，《财政部 税务总局关于居民企业技术转让有关企业所得税政策问题的通知》（财税〔2010〕111号）将技术转让的范围限定为专利技术、计算机软件著作权、集成电路布图设计权、植物新品种、生物医药新品种以及财政部和国家税务总局确定的其他技术。这一规定与科技成果转化现金奖励个人所得税优惠政策的适用范围类似，只有取得知识产权保护的科技成果转让，才能享受减免企业所得税的优惠政策。

"财税〔2010〕111号文"规定，从直接或间接持有股权之和达到100%的关联方取得的技术转让所得，不享受技术转让减免企业所得税优惠政策。

7.3.1.3 申报要求

"财税〔2010〕111号文"规定，享受技术转让减免企业所得税优惠政策，需签订技术转让合同并办理认定登记。其中，境内的技术转让须经省级以上（含省级）科技部门认定登记，跨境的技术转让需经省级以上（含省级）商务部门认定登记，涉及财政经费支持产生技术的转让，需省级以上（含省级）科技部门审批。

2009年，《国家税务总局关于技术转让所得减免企业所得税有关问题的通知》（国税函〔2009〕212号）明确规定，纳税主体发生技术转让，应在纳税年度终了后至报送年度纳税申报表以前，向主管税务机关办理减免税备案手续。境内技术转让报送资料包括技术转让合同（副本），省级以上科技部门出具的技术合同登记证明；技术转让所得归集、分摊、计算的相关资料，实际缴纳相关税费的证明资料等。

7.3.1.4　转让所得计算方法

"国税函〔2009〕212 号文"明确规定了符合减免企业所得税优惠的科技成果转让（技术转让）所得计算方法：

技术转让所得＝技术转让收入－技术转让成本－相关税费

转让收入是指履行技术转让合同后获得的价款，不包括销售或转让设备、仪器、零部件、原材料等非技术性收入。不属于与技术转让项目密不可分的技术咨询、技术服务、技术培训等收入，不得计入技术转让收入。

技术转让成本是指转让的无形资产的净值。

相关税费包括除企业所得税和允许抵扣的增值税以外的各项税金及其附加、合同签订费用、律师费等相关费用及其他支出。

"国税函〔2009〕212 号文"要求，享受技术转让减免企业所得税优惠的纳税主体，应单独计算技术转让所得，并合理分摊期间费用；没有单独计算的，不得享受技术转让所得企业所得税优惠政策。

7.3.2　科技成果许可

为了与转让科技成果所有权的转让行为区分开来，我们将科技成果许可（转让科技成果使用权）单独介绍。

关于科技成果许可的优惠政策被分为两类：一是全球独占许可使用权，二是非独占许可使用权。

7.3.2.1　全球独占许可使用权

"财税〔2010〕111 号文"明确规定："本通知所称技术转让，是指居民企业转让其拥有符合本通知第一条规定技术的所有权或 5 年以上（含 5 年）全球独占许可使用权的行为。"

也就是说，5 年以上（含 5 年）的全球独占许可权视同科技成果转让，适用技术转让减免企业所得税优惠政策。其计税方法和申报流程按照技术转让相关要求执行。

7.3.2.2　非独占许可使用权

2015 年，《国家税务总局关于许可使用权技术转让所得企业所得税有关问题的公告》（国家税务总局公告 2015 年第 82 号）规定："自 2015 年 10 月 1 日起，全国范围内的居民企业转让 5 年（含，下同）以上非独占许可使用权取得的技术转让所得，纳入享受企业所得税优惠的技术转让所得范围。居民企业的年度技术转让所得不超过 500 万元的部分，免征企业所得税；超过 500 万元的部分，减半征收企业所得税。"这一规定将非独占许可使用权也纳入享受企业所得税优惠政策的范围。

非独占许可行为需同时满足以下条件，方可享受企业所得税优惠：

（1）科技成果必须是取得知识产权的科技成果，包括专利（国防专利）、计算机软件著作权、集成电路布图设计权、植物新品种、生物医药新品种以及财政部和国家税务总局确定的其他技术。

（2）科技成果必须是技术供方拥有所有权的技术，如技术所有权人将该项技术许可给技术受方使用，技术受方将该项技术再许可给第三方使用，再许可的行为不得享受企业所得税优惠。

（3）许可形式必须是非独占许可，即技术受方在合同有效期内、在合同区域内对该项技术不享有独占的使用权利，技术供方可在合同规定的期限和区域内将技术同时许可给多方使用。

（4）许可年限不得少于 5 年。

符合条件的非独占许可所得的计算方法如下：

科技成果许可所得＝科技成果许可收入－无形资产摊销费用－相关税费－应分摊期间费用

许可收入应按转让协议约定的许可使用权人应付许可使用权使用费的日期确认收入的实现。

无形资产摊销费用是指该无形资产按税法规定当年计算摊销的费用。涉及自用和对外许可使用的，无形资产摊销费用应按照受益原则合理划分。

相关税费是指科技成果许可过程中实际发生的有关税费，包括除企业所得税和允许抵扣的增值税以外的各项税金及其附加、合同签订费用、律师费等相关费用。

应分摊期间费用（不含无形资产摊销费用和相关税费）是指技术许可按照当年销售收入占比分摊的期间费用。

因为非独占许可并未转让科技成果的所有权，仅让渡了一定时期内该项科技成果的使用权，所以科技成果许可所得的计算并未扣除该项无形资产的净值，而是仅扣除该项无形资产当年摊销的费用。

与科技成果转让行为申报企业所得税优惠程序相同，符合条件的科技成果许可如需享受企业所得税优惠政策，需按照"国税函〔2009〕212 号文"和"财税〔2010〕111 号文"的规定办理技术合同认定登记和备案手续。

7.3.3　作价投资

7.3.3.1　政策内容

2014 年，《财政部 国家税务总局关于非货币性资产投资企业所得税政策问题的通知》（财税〔2014〕116 号）规定："居民企业（以下简称企业）以非货币性资产对外投资确认的非货币性资产转让所得，可在不超过 5 年期限内，分期均匀计入相应年度的应纳税所得额，按规定计算缴纳企业所得税。"同时，该通知还规定："企业以非货币性资产对外投资，应于投资协议生效并办理股权登记手续时，确认非货币性资产转让收入的实现。"

科研机构、高校以科技成果作价投资，从纳税行为的角度，属于"居民企业以非货币性资产对外投资"，适用可 5 年内分期缴纳企业所得税的优惠政策。但这一政策出台后也受到不少专家学者的批评。他们认为，将确认非货币性资产对外投资纳税的时点界定为"投资协议生效并办理股权登记手续时"，这一时点投资关系刚刚建立，被投资企业尚未进入持续正常的经营，也无法在短期内形成可观的利润用于向投资者分配，投资者在并未实际取得现金流入的情况下便要在 5 年内分期缴纳企业所得税，不符合企业经营发展的实际。

2016 年，《财政部 国家税务总局关于完善股权激励和技术入股有关所得税政策的通知》（财税〔2016〕101 号）规定："企业或个人以技术成果投资入股到境内居民企业，被投资企业支付的对价全部为股票（权）的，企业或个人可选择继续按现行有关税收政策执行，也可选择适用递延纳税优惠政策。"科研机构、高校可以选择办理股权登记手续后 5 年内分期缴纳企业所得税，也可以在办理股权登记手续后暂不缴纳企业所得税，递延至转让股权时缴纳。这一规定解决了"财税〔2014〕116 号文"纳税时点争议的问题。

7.3.3.2　适用范围

科技成果作价投资享受递延纳税政策，需同时满足以下条件：

（1）纳税主体。根据《国家税务总局关于股权激励和技术入股所得税征管问题的公告》（国家税务总局公告 2016 年第 62 号）的规定，适用科技成果作价投资递延纳税政策的，投资主体应当为实行查账征收的居民企业，不包括实行核定征收的居民企业。

（2）科技成果。科技成果必须是取得知识产权保护的科技成果。

（3）作价投资行为，即纳税人将科技成果所有权让渡给被投资企业，取得该企业股权的行为。

7.3.3.3　申报要求

适用递延纳税政策，纳税人应在投资完成后首次预缴申报时，向主管税务机关备案，报送技术成果投资入股企业所得税递延纳税备案表（见表7-4）。

7.3.3.4　股权转让所得计算方法

科技成果作价投资适用递延纳税优惠政策的，纳税人在转让股权时应当缴纳企业所得税，股权转让所得按以下方法计算：

股权转让所得=股权转让收入-技术成果原值-合理税费

7.3.3.5　其他

科研机构、高校持有股权期间取得的股息、红利等权益性投资收益，根据《中华人民共和国企业所得税法》及其实施条例，属于免税收入，不缴纳企业所得税。

科研机构、高校持有递延纳税的股权期间，因该股权产生的转增股本收入及以该递延纳税的股权再进行非货币性资产投资的，应在当期缴纳税款。

7.3.4　技术开发、技术咨询、技术服务、技术培训

"财税字〔1999〕45号文"规定："科研机构、高等学校服务于各业的技术成果转让、技术培训、技术咨询、技术服务、技术承包所取得的技术性服务收入暂免征收企业所得税。"

2001年，《财政部 国家税务总局关于非营利性科研机构税收政策的通知》（财税〔2001〕5号）规定："非营利性科研机构从事技术开发、技术转让业务和与之相关的技术咨询、技术服务所得的收入，按有关规定免征营业税和企业所得税。"

按照"财税字〔1999〕45号文"和"财税〔2001〕5号文"的规定，技术开发、技术咨询、技术服务、技术培训在当时均可享受免征企业所得税优惠。

2008年，《中华人民共和国企业所得税法》出台后，"财税字〔1999〕45号文"和"财税〔2001〕5号文"关于企业所得税优惠的规定被废止。

表 7-4 技术成果投资入股企业所得税递延纳税备案表

纳税人名称（盖章）：　　　　　　　纳税人识别号：

申报所属期：　　　年度　　　　　　　金额单位：人民币元（列至角分）

行次	投资企业信息							被投资企业信息				备注
	技术成果名称	技术成果类型	技术成果编号	公允价值	计税基础	取得股权时间	递延所得	企业名称	纳税人识别号	主管税务机关	与投资方是否为关联企业	
	1	2	3	4	5	6	7=4-5	8	9	10	11	
1												
2												
3												
4												
5												
6												
7												
8												
…												
合计												

谨声明：本人知悉并保证本表填报内容及所附证明材料真实、完整，并承担因资料虚假而产生的法律和行政责任。

法定代表人签章：

填表人：　　　　　　　　　　　　　填报日期：　　年　　月　　日

7.3.4.1 技术开发

"财税〔2001〕5 号文"关于技术开发免征企业所得税的优惠政策被废止后，国家未再出台专门针对技术开发收入的企业所得税优惠政策，而是从鼓励纳税主体加大自身研发投入的角度，不断优化完善研发费用加计扣除政策，以此支持和引导科技创新。科研机构、高校作为基础前沿、社会公益、重大共性关键技术的重要创新力量，同样能享受研发费用加计扣除的各项政策利好（具体见本书"7.3.5 研发费用加计扣除"）。

7.3.4.2 与科技成果转让密不可分的技术咨询、技术服务、技术培训

"财税字〔1999〕45 号文"关于技术咨询、技术服务、技术培训免征企业所得税的优惠政策被废止后，"国税函〔2009〕212 号文"规定，与技术转让项目密不可分的技术咨询、技术服务、技术培训等收入，可计入技术转让收入，享受技术转让收入企业所得税优惠政策。也就是说，技术咨询、技术服务、技术培训业务为技术转让项目所必须、伴随技术转让项目所发生，成为享受企业所得税优惠政策的必要条件。

根据《国家税务总局关于技术转让所得减免企业所得税有关问题的公告》（国家税务总局公告 2013 年第 62 号）的要求，与技术转让密不可分的技术咨询、技术服务、技术培训收入，应同时符合以下条件：

（1）转让方为使受让方掌握所转让的技术投入使用、实现产业化而提供的必要的技术咨询、技术服务、技术培训所产生的收入。

（2）在技术转让合同中约定的与该技术转让相关的技术咨询、技术服务、技术培训。

（3）技术咨询、技术服务、技术培训收入与该技术转让项目收入一并收取价款。

如果技术咨询、技术服务、技术培训不属于与技术转让项目密不可分的服务，则不得计入技术转让收入，也不能享受相应企业所得税税收优惠政策。

7.3.5 研发费用加计扣除

研发投入是一个国家科技持续进步的基础条件，也是科研机构、高校形成科技成果的最主要来源。早在 1996 年，国家就出台了研发费用加计扣除的所得税优惠政策，虽然该项政策不直接与某项科技成果转化行为相对应，但

同样能够起到减轻研发主体税负、促进加快科技成果转移转化的效果。

1996年，《财政部 国家税务总局关于促进企业技术进步有关财务税收问题的通知》（财工字〔1996〕41号）和《国家税务总局关于促进企业进步有关税收问题的补充通知》（国税发〔1996〕152号），允许企业研究开发新产品、新技术、新工艺所发生的各项费用再按实际发生额的50%抵扣应税所得额，但当时仅限于国有、集体工业企业。

2003年，《财政部 国家税务总局关于扩大企业技术开发费加计扣除政策适用范围的通知》（财税〔2003〕244号）将加计扣除政策从国有、集体工业企业扩大至所有财务核算制度健全、实行查账征收企业所得税的各种所有制的工业企业。

2006年，《财政部 国家税务总局关于企业技术创新有关企业所得税优惠政策的通知》（财税〔2006〕88号）明确规定，技术开发费加计扣除政策适用于财务核算制度健全、实行查账征税的内外资企业、科研机构、大专院校等。科研机构、高校首次被纳入享受研发费用加计扣除政策范围。

2008年，《中华人民共和国企业所得税法》及其实施条例以立法的形式对研发费用加计扣除予以确认。同年，国家税务总局发布了《企业研究开发费用税前扣除管理办法（试行）》（国税发〔2008〕116号），对研发费用加计扣除作出了系统而详细的规定。

自2015年以来，财政部、国家税务总局等多次对研发费用加计扣除政策进行优化调整，先后出台了《关于完善研究开发费用税前加计扣除政策的通知》（财税〔2015〕119号）、《国家税务总局关于发布〈企业所得税优惠政策事项办理办法〉的公告》（国家税务总局公告2015年第76号）、《关于企业研究开发费用税前加计扣除政策有关问题的公告》（国家税务总局公告2015年第97号）、《关于提高科技型中小企业研究开发费用税前加计扣除比例的通知》（财税〔2017〕34号）、《国家税务总局关于提高科技型中小企业研究开发费用税前加计扣除比例的公告》（国家税务总局公告2017年第18号）、《国家税务总局关于研发费用税前加计扣除归集范围有关问题的公告》（国家税务总局公告2017年第40号）、《关于企业委托境外研究开发费用税前加计扣除有关政策问题的通知》（财税〔2018〕64号）、《关于发布修订后的〈企业所得税优惠政策事项办理办法〉的公告》（国家税务总局公告2018年第23号）、《关于提高研究开发费用税前加计扣除比例的通知》（财税〔2018〕99号）、

《财政部 税务总局关于进一步完善研发费用税前加计扣除政策的公告》（财政部 税务总局公告 2021 年第 13 号）、《国家税务总局关于进一步落实研发费用加计扣除政策有关问题的公告》（国家税务总局公告 2021 年第 28 号）、《国家税务总局关于企业预缴申报享受研发费用加计扣除优惠政策有关事项的公告》（国家税务总局公告 2022 年第 10 号）、《关于进一步提高科技型中小企业研发费用税前加计扣除比例的公告》（财政部 税务总局 科技部公告 2022 年第 16 号）、《关于加大支持科技创新税前扣除力度的公告》（财政部 税务总局 科技部公告 2022 年第 28 号）、《关于进一步完善研发费用税前加计扣除政策的公告》（财政部 税务总局公告 2023 年第 7 号）、《国家税务总局 财政部关于优化预缴申报享受研发费用加计扣除政策有关事项的公告》（国家税务总局 财政部公告 2023 年第 11 号）。本书此处不再赘述 2015 年以来的政策演变过程，仅梳理截至 2023 年 8 月底适用的研发费用加计扣除优惠政策和相关要求。

7.3.5.1 政策内容

（1）企业开展研发活动中实际发生的研发费用，未形成无形资产计入当期损益的，在按规定据实扣除的基础上，自 2023 年 1 月 1 日起，再按照实际发生额的 100% 在税前加计扣除；形成无形资产的，自 2023 年 1 月 1 日起，按照无形资产成本的 200% 在税前摊销（"财政部 税务总局公告 2023 年第 7 号文"）。

（2）企业委托境内的外部机构或个人进行研发活动所发生的费用，按照费用实际发生额的 80% 计入委托方研发费用并计算加计扣除，无论委托方是否享受研发费用税前加计扣除政策，受托方均不得再进行加计扣除（"财税〔2015〕119 号文""国家税务总局公告 2017 年第 40 号文"）。

（3）企业委托境外（不包括境外个人）进行研发活动所发生的费用，按照费用实际发生额的 80% 计入委托方的委托境外研发费用。委托境外研发费用不超过境内符合条件的研发费用 2/3 的部分，可以在企业所得税前加计扣除（"财税〔2018〕64 号文"）。

（4）企业共同合作开发的项目，由合作各方就自身实际承担的研发费用分别计算加计扣除（"财税〔2015〕119 号文"）。

（5）企业集团根据生产经营和科技开发的实际情况，对技术要求高、投资数额大，需要集中研发的项目，其实际发生的研发费用，可以按照权利和义务相一致、费用支出和收益分享相配比的原则，合理确定研发费用的分摊方法，在受益成员企业间进行分摊，由相关成员企业分别计算加计扣除（"财税〔2015〕119号文"）。

（6）企业为获得创新性、创意性、突破性的产品进行创意设计活动而发生的相关费用，如多媒体软件、动漫游戏软件开发，数字动漫、游戏设计制作；房屋建筑工程设计（绿色建筑评价标准为三星）、风景园林工程专项设计；工业设计、多媒体设计、动漫及衍生产品设计、模型设计等活动发生的相关费用可进行税前加计扣除（"财税〔2015〕119号文"）。

7.3.5.2　研究开发活动内涵

研究开发活动是指企业为获得科学与技术新知识，创造性运用科学技术新知识，或者实质性改进技术、产品（服务）、工艺而持续进行的具有明确目标的系统性活动。研究开发活动不包括：

（1）企业产品（服务）的常规性升级。

（2）对某项科技成果的直接应用，如直接采用公开的新工艺、材料、装置、产品、服务或知识等。

（3）企业在商品化后为顾客提供的技术支持活动。

（4）对现存产品、服务、技术、材料或工艺流程进行的重复或简单改变。

（5）市场调查研究、效率调查或管理研究。

（6）作为工业（服务）流程环节或常规的质量控制、测试分析、维修维护。

（7）社会科学、艺术或人文学方面的研究。

7.3.5.3　适用范围

根据"财税〔2015〕119号文"和"国家税务总局公告2015年第97号文"的规定，企业所得税税前加计扣除适用于会计核算健全、实行查账征收并能准确归集研发费用的居民企业，不包括：

（1）主营业务为烟草制造业、住宿和餐饮业、批发和零售业、房地产业、租赁和商务服务业、娱乐业，其研发费用发生当年的主营业务收入占企业按《中华人民共和国企业所得税法》第六条规定计算的收入总额减除不征税收入和投资收益的余额50%（不含）以上的企业。

（2）实行核定征收的企业。

（3）未能对研发费用和生产经营费用分别核算，划分不清的企业。

7.3.5.4　财政性资金处理

科研机构、高校获得的财政性资金，部分有特定的用途，如专门用于某项目的研究。对这部分财政资金对应的研发支出，是否能够适用研发费用加计扣除政策，主要从以下两个方面来判断：

一是作为不征税收入。根据《财政部 国家税务总局关于专项用途财政性资金企业所得税处理问题的通知》（财税〔2011〕70号）的要求，从县级以上各级人民政府财政部门及其他部门取得的应计入收入总额的财政性资金，凡同时符合以下条件的，可以作为不征税收入，在计算应纳税所得额时从收入总额中减除：

（1）能够提供规定资金专项用途的资金拨付文件。

（2）财政部门或其他拨付资金的政府部门对该资金有专门的资金管理办法或具体管理要求。

（3）对该资金以及以该资金发生的支出单独进行核算。

需要注意的是，"财税〔2011〕70号文"明确规定，符合上述条件的收入作为不征税收入，在计算应纳税所得额时予以减除，其对应的支出所形成的费用以及所形成的资产折旧、摊销，不得在计算应纳税所得额时扣除（遵循收入与费用对应的原则）。

2015年，国家税务总局出台《关于企业研究开发费用税前加计扣除政策有关问题的公告》（国家税务总局公告2015年第97号），对财政性资金对应研发支出能否加计扣除作出明确规定："企业取得作为不征税收入处理的财政性资金用于研发活动所形成的费用或无形资产，不得计算加计扣除或摊销。"

二是不作为不征税收入。例如，科研机构、高校收到的财政性资金不符合"财税〔2011〕70号文"作为不征税收入的三项条件，或者科研机构、高校选择放弃不征税收入政策、作为征税收入处理，则相应发生的研发费用可以适用加计扣除政策。

7.3.5.5　研发费用构成和核算

纳税主体应对享受加计扣除的研发费用按研发项目设置辅助账，按不同研发项目分别准确归集核算当年可加计扣除的研发费用。

根据"财税〔2015〕119号文""国家税务总局公告2015年第97号文""国家税务总局公告2017年第40号文""国家税务总局公告2021年第28号文"的相关规定，允许加计扣除的研发费用构成和核算要求如表7-5所示。

表 7-5　允许加计扣除的研发费用构成和核算要求

项目	内容	核算要求
人员人工费用	直接从事研发活动人员的工资薪金、基本养老保险费、基本医疗保险费、失业保险费、工伤保险费、生育保险费和住房公积金以及外聘研发人员的劳务费用	（1）直接从事研发活动人员包括研究人员、技术人员、辅助人员。研究人员是指主要从事研究开发项目的专业人员；技术人员是指具有工程技术、自然科学和生命科学中一个或一个以上领域的技术知识和经验，在研究人员指导下参与研发工作的人员；辅助人员是指参与研究开发活动的技工。外聘研发人员是指与本企业或劳务派遣企业签订劳务用工协议（合同）和临时聘用的研究人员、技术人员、辅助人员。 （2）接受劳务派遣的企业按照协议（合同）约定支付给劳务派遣企业，且由劳务派遣企业实际支付给外聘研发人员的工资薪金等费用，属于外聘研发人员的劳务费用。 （3）工资薪金包括按规定可以在税前扣除地对研发人员股权激励的支出。 （4）直接从事研发活动的人员、外聘研发人员同时从事非研发活动的，应对其人员活动情况做必要记录，并按实际工时占比等合理方法在研发费用和生产经营费用间分配，未分配的不得加计扣除
直接投入费用	（1）研发活动直接消耗的材料、燃料和动力费用。 （2）用于中间试验和产品试制的模具、工艺装备开发及制造费，不构成固定资产的样品、样机及一般测试手段购置费，试制产品的检验费。 （3）用于研发活动的仪器、设备的运行维护、调整、检验、维修等费用，以及通过经营租赁方式租入的用于研发活动的仪器、设备租赁费	（1）以经营租赁方式租入的仪器、设备同时用于研发活动和非研发活动的，应对其使用情况做必要记录，并按实际工时占比等合理方法在研发费用和生产经营费用间分配，未分配的不得加计扣除。 （2）产品销售与对应的材料费用发生在不同纳税年度且材料费用已计入研发费用的，可在销售当年以对应的材料费用发生额直接冲减当年的研发费用，不足冲减的，结转以后年度继续冲减
折旧费用	用于研发活动的仪器、设备的折旧费	（1）用于研发活动的仪器、设备，符合税法规定且选择加速折旧优惠政策的，在享受研发费用税前加计扣除时，就税前扣除的折旧部分计算加计扣除。 （2）同时用于研发活动和非研发活动的仪器设备，应对其使用情况做必要记录，并按实际工时占比等合理方法在研发费用和生产经营费用间分配，未分配的不得加计扣除

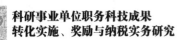

科研事业单位职务科技成果
转化实施、奖励与纳税实务研究

KEYAN SHIYE DANWEI ZHIWU KEJI CHENGGUO
ZHUANHUA SHISHI、JIANGLI YU NASHUI SHIWU YANJIU

表7-5(续)

项目	内容	核算要求
无形资产摊销	用于研发活动的软件、专利权、非专利技术（包括许可证、专有技术、设计和计算方法等）的摊销费用	（1）同时用于研发活动和非研发活动的无形资产，应对其使用情况做必要记录，并将按实际工时占比等合理方法在研发费用和生产经营费用间分配，未分配的不得加计扣除。 （2）用于研发活动的无形资产，符合税法规定且选择缩短摊销年限的，在享受研发费用税前加计扣除时，就税前扣除的摊销部分计算加计扣除
设计试验费用	新产品设计费、新工艺规程制定费、新药研制的临床试验费、勘探开发技术的现场试验过程中发生的与开展该项活动有关的各类费用	
其他相关费用	与研发活动直接相关的其他费用，如技术图书资料费、资料翻译费、专家咨询费、高新科技研发保险费，研发成果的检索、分析、评议、论证、鉴定、评审、评估、验收费用，知识产权的申请费、注册费、代理费，差旅费、会议费，职工福利费，补充养老保险，补充医疗保险费等	此项费用总额不得超过可加计扣除研发费用总额的10%。 全部研发项目的其他相关费用限额＝全部研发项目的人员人工等上述五项费用之和÷（1-10%）×10%

（1）在计算加计扣除的研发费用时，单位应扣减已按规定归集计入研发费用，但在当期取得的研发过程中形成的下脚料、残次品、中间试制品等特殊收入；不足扣减的，允许加计扣除的研发费用按零计算。

（2）研发活动直接形成产品或作为组成部分形成的产品对外销售的，研发费用中对应的材料费用不得加计扣除。

（3）企业取得作为不征税收入处理的财政性资金用于研发活动所形成的费用或无形资产，不得计算加计扣除或摊销。

7.3.5.6　申报要求

"国家税务总局 财政部公告2023年第11号文"要求："享受研发费用加计扣除优惠政策采取'真实发生、自行判别、申报享受、相关资料留存备查'的办理方式，由纳税主体依据实际发生的研发费用支出，自行计算加计扣除金额，填报《中华人民共和国企业所得税月（季）度预缴纳税申报表（A类）》

享受税收优惠，并根据享受加计扣除优惠的研发费用情况（上半年或前三季度）填写《研发费用加计扣除优惠明细表》（A107012）。《研发费用加计扣除优惠明细表》（A107012）与规定的其他资料一并留存备查。"

7.3.6　加速折旧

从企业所得税的角度，加速折旧是指允许纳税人缩短资产折旧年限或将一部分资产的折旧支出提前到当期，从而使纳税人当期企业所得税税负降低的一种递延优惠方式。

加速折旧与研发费用加计扣除政策类似，同样是通过对单位整体性的税负降低，引导鼓励加速技术进步、支持创新创造的重要举措。

加速折旧政策早在 2000 年《企业所得税税前扣除办法》（国税发〔2000〕84 号）中就已出现。该办法规定："对促进科技进步、环境保护和国家鼓励投资的关键设备，以及常年处于震动、超强度使用或受酸、碱等强烈腐蚀状态的机器设备，确需缩短折旧年限或采取加速折旧方法的，由纳税人提出申请，经当地主管税务机关审核后，逐级报国家税务总局批准。"

2008 年，《中华人民共和国企业所得税法》及其实施条例以立法的形式对加速折旧政策予以确认，"企业的固定资产由于技术进步等原因，确需加速折旧的，可以缩短折旧年限或者采取加速折旧的方法"。

自 2009 年起，财政部、国家税务总局先后出台了《税务总局关于企业固定资产加速折旧所得税处理有关问题的通知》（国税发〔2009〕81 号）、《财政部 国家税务总局关于进一步鼓励软件产业和集成电路产业发展企业所得税政策的通知》（财税〔2012〕27 号）、《财政部 国家税务总局关于完善固定资产加速折旧企业所得税政策的通知》（财税〔2014〕75 号）、《国家税务总局关于固定资产加速折旧税收政策有关问题的公告》（国家税务总局公告 2014 年第 64 号）、《关于进一步完善固定资产加速折旧企业所得税政策的通知》（财税〔2015〕106 号）、《国家税务总局关于进一步完善固定资产加速折旧企业所得税政策有关问题的公告》（国家税务总局公告 2015 年第 68 号）、《关于设备器具扣除有关企业所得税政策的通知》（财税〔2018〕54 号）、《国家税务总局关于设备器具扣除有关企业所得税政策执行问题的公告》（国家税务总局公告 2018 年第 46 号）、《关于扩大固定资产加速折旧优惠政策适用范围的公告》

（财政部 税务总局公告 2019 年第 66 号）、《关于支持新型冠状病毒感染的肺
炎疫情防控有关税收政策的公告》（财政部 税务总局公告 2020 年第 8 号）、
《关于延长部分税收优惠政策执行期限的公告》（财政部 税务总局公告 2021
年第 6 号）、《财政部 税务总局关于中小微企业设备器具所得税税前扣除有关
政策的公告》（财政部 税务总局公告 2022 年第 12 号）、《财政部 税务总局关
于横琴粤澳深度合作区企业所得税优惠政策的通知》（财税〔2022〕19 号）、
《财政部 税务总局 科技部关于加大支持科技创新税前扣除力度的公告》（财
政部 税务总局 科技部公告 2022 年第 28 号）等。上述政策沿革的内容和过程
不再赘述，本书仅介绍截至 2023 年 8 月底适用的加速折旧优惠政策和要求。

7.3.6.1　政策内容

（1）单位价值不超过 500 万元的设备、器具（指除房屋、建筑物以外的
固定资产）。企业在 2018 年 1 月 1 日至 2023 年 12 月 31 日期间新购进（包括
以货币形式购进或自行建造）的设备、器具，单位价值不超过 500 万元的，
允许一次性计入当期成本费用在计算应纳税所得额时扣除，不再分年度计算
折旧（"财税〔2018〕54 号文""财政部 税务总局公告 2021 年第 6 号文"）。

（2）单位价值超过 500 万元的设备、器具。六大行业[①]的企业 2014 年
1 月 1 日后新购进的设备、器具，四个领域重点行业[②]的企业 2015 年 1 月 1 日
后新购进的设备、器具，除六大行业和四个领域重点行业的其他制造业企业
2019 年 1 月 1 日后新购进的设备、器具，除制造业企业、软件和信息技术服
务业的其他行业企业 2014 年 1 月 1 日后购进的专门用于研发活动的仪器、设
备，可采取缩短折旧年限或加速折旧的方法（"财税〔2014〕75 号文""财税
〔2015〕106 号文""财政部 税务总局公告 2021 年第 6 号文"）。

（3）房屋、建筑物。六大行业的企业 2014 年 1 月 1 日后新购进的房屋、
建筑物（包括以货币形式购进或自行建造），四个领域重点行业的企业 2015
年 1 月 1 日后新购进的房屋、建筑物，除六大行业和四个领域重点行业的其
他制造业企业 2019 年 1 月 1 日后新购进的房屋、建筑物，可采取缩短折旧年
限或加速折旧的方法（"财税〔2014〕75 号文"）。

---

① 六大行业是指生物药品制造业，专用设备制造业，铁路、船舶、航空航天和其他运输设备制造业，
　计算机、通信和其他电子设备制造业，仪器仪表制造业，信息传输、软件和信息技术服务业。
② 四个领域重点行业是指符合"财税〔2015〕106 号文"规定的轻工、纺织、机械、汽车四个领域
　重点行业。

（4）单位价值不超过 5 000 元的固定资产。企业持有的单位价值不超过 5 000 元的固定资产，允许一次性计入当期成本费用在计算应纳税所得额时扣除，不再分年度计算折旧（"财税〔2014〕75 号文"）。

（5）外购软件。企业外购的软件，凡符合固定资产或无形资产确认条件的，可以按照固定资产或无形资产进行核算，其折旧或摊销年限可以适当缩短，最短可为 2 年（含）（"财税〔2012〕27 号文"）。

7.3.6.2　折旧方法

（1）缩短折旧年限。纳税人采用缩短折旧年限方法的，对其购置的新固定资产，最低折旧年限不得低于《中华人民共和国企业所得税法实施条例》规定的折旧年限的 60%；若为购置已使用过的固定资产，其最低折旧年限不得低于《中华人民共和国企业所得税法实施条例》规定的最低折旧年限减去已使用年限后剩余年限的 60%。最低折旧年限一经确定，一般不得变更。

《中华人民共和国企业所得税法实施条例》规定的折旧年限如下：

①房屋、建筑物，为 20 年。

②飞机、火车、轮船、机器、机械和其他生产设备，为 10 年。

③与生产经营活动有关的器具、工具、家具等，为 5 年。

④飞机、火车、轮船以外的运输工具，为 4 年。

⑤电子设备，为 3 年。

（2）加速折旧。加速折旧方法可以采用双倍余额递减法或年数总和法。加速折旧方法一经确定，一般不得变更（"国税发〔2009〕81 号文"）。

①双倍余额递减法是指在不考虑固定资产预计净残值的情况下，根据每期期初固定资产原值减去累计折旧后的金额和双倍的直线法折旧率计算固定资产折旧的一种方法。计算公式如下：

年折旧率 = 2 ÷ 预计使用寿命（年）× 100%

月折旧率 = 年折旧率 ÷ 12

月折旧额 = 月初固定资产账面净值 × 月折旧率

双倍余额递减法在计算固定资产折旧额时，因为每年年初固定资产净值没有减去预计净残值，所以应在其折旧年限到期前的两年期间，将固定资产净值减去预计净残值后的余额平均摊销。

②年数总和法是指将固定资产的原值减去预计净残值后的余额，乘以一个以固定资产尚可使用年限为分子、以预计使用寿命逐年数字之和为分母的

逐年递减的分数计算每年的折旧额。计算公式如下：

年折旧率=尚可使用年限÷预计使用寿命的年数总和×100%

月折旧率=年折旧率÷12

月折旧额=（固定资产原值-预计净残值）×月折旧率

7.3.6.3　申报要求

根据国家税务总局《关于发布修订后的〈企业所得税优惠政策事项办理办法〉的公告》（国家税务总局公告 2018 年第 23 号）的规定，企业享受固定资产加速折旧或一次性扣除的税收优惠采取"自行判别、申报享受、相关资料留存备查"的办理方式，企业根据经营情况以及相关税收规定自行判断是否符合优惠事项规定的条件，符合条件的预缴时自行计算减免税额，并通过填报企业所得税纳税申报表享受税收优惠。

企业主要留存备查资料包括以下三项：

（1）有关固定资产购进时点的资料（如以货币形式购进固定资产的发票、以分期付款或赊销方式购进固定资产的到货时间说明、自行建造固定资产的竣工决算情况说明等）。

（2）固定资产记账凭证。

（3）核算有关资产税务处理与会计处理差异的台账。

7.3.7　享受小微企业所得税优惠

除研发费用加计扣除、加速折旧等整体性所得税优惠政策外，符合条件的科研机构、高校还可以享受小微企业所得税优惠政策。

相关政策主要包括《关于进一步实施小微企业所得税优惠政策的公告》（财政部 税务总局公告 2022 年第 13 号）、《关于小微企业和个体工商户所得税优惠政策的公告》（财政部 税务总局公告 2023 年第 6 号）和《关于进一步支持小微企业和个体工商户发展有关税费政策的公告》（财政部 税务总局公告 2023 年第 12 号）。

7.3.7.1　政策内容

小型微利企业年应纳税所得额不超过 300 万元的部分，减按 25% 计入应纳税所得额，按 20% 的税率缴纳企业所得税。目前政策执行期限截至 2027 年 12 月 31 日（"财政部 税务总局公告 2023 年第 12 号文"）。

案例 7-5：某小微企业 2023 年应纳企业所得税所得额为 280 万元，当年应缴纳多少企业所得税？

$$应缴纳企业所得税=应纳税所得额×25\%×20\%$$
$$=280×25\%×20\%$$
$$=14（万元）$$

近年来，小微企业所得税优惠政策调整较为频繁，计算时应以当期最新政策为准。

7.3.7.2 适用范围

小型微利企业是指从事国家非限制和禁止行业，且同时符合年度应纳税所得额不超过 300 万元、从业人数不超过 300 人、资产总额不超过 5 000 万元三个条件的企业。

从业人数包括与企业建立劳动关系的职工人数和企业接受的劳务派遣用工人数。

从业人数和资产总额指标，应按企业全年的季度平均值（$\dfrac{\sum\limits_{1}^{4}（季初值 + 季末值）/2}{4}$）确定。

7.3.7.3 申报要求

根据《国家税务总局关于落实小型微利企业所得税优惠政策征管问题的公告》（国家税务总局公告 2023 年第 6 号）的规定，小型微利企业在预缴和汇算清缴企业所得税时，通过填写纳税申报表，即可享受小型微利企业所得税优惠政策。小型微利企业所得税统一实行按季度预缴。

7.3.8 问题和建议

7.3.8.1 企业所得税优惠政策关于科技成果类别的限制

科技成果转让、科技成果许可和科技成果作价投资的企业所得税优惠政策仅限于取得知识产权保护的科技成果，这导致专有技术（技术秘密）等未取得知识产权保护的科技成果转化行为被排除在税收优惠范围之外。在实际科技成果转化中，专有技术等往往与专利技术等共同构成某项新工艺、新技术不可或缺的组成部分，评估时也因共同发挥作用而一并评估其价值，但在享受税收优惠政策时需人为将其拆分，在增加操作难度和工作量的同时，也可能导致权属人的纠纷。

笔者建议，针对科技成果转化的企业所得税优惠政策，取消科技成果必须取得知识产权保护的相关限制，尊重科技成果与产权保护之间不必然等同的现状，认可专有技术（技术秘密）等未取得知识产权保护的科技成果实施转化同样可享受企业所得税优惠政策。

7.3.8.2　单位与个人的选择冲突

付稚茹、王宝富等在《关于科技成果转化税收优惠问题的探讨》一文中提到，科技成果转让和科技成果作价投资在企业所得税和个人所得税方面的税率差异较大，可能造成单位和个人对科技成果转化模式作出不同的选择。例如，个人收入较高，个人所得税在科技成果转让模式下的税负（税率最高45%）远高于在科技成果作价投资模式下的税负（税率20%），可能促使科技人员偏向选择作价投资模式；企业所得税在科技成果转让模式下的税负（500万元以内免征，500万元以上减半征收）低于在科技成果作价投资模式下的税负（可延期，不减免），单位可能更倾向于实施科技成果转让。

单位与个人在科技成果转化模式选择上的冲突，可能会使科技成果转化迟迟无法推进甚至导致科技成果转化流产。笔者建议，从税收管理的角度，进一步论证科技成果转化行为中个人所得税与企业所得税两者的协调性，尽可能保持"税收中性"，减少税收优惠政策对不同科技成果转化主体的选择影响。

7.3.8.3　技术合同认定登记机构限制

"财税〔2010〕111号文"规定，科技成果转让应签订技术转让合同。其中，境内的技术转让须经省级以上（含省级）科技部门认定登记，跨境的技术转让需经省级以上（含省级）商务部门认定登记，涉及财政经费支持产生技术的转让，需省级以上（含省级）科技部门审批。

但在实际操作中，根据科技部、财政部、国家税务总局于2000年出台的《技术合同认定登记管理办法》（国科发字〔2000〕63号）的规定，科技部门并不直接负责技术合同认定登记工作，而是对技术合同认定登记工作进行管理，具体则由地、市、区、县科技部门设立的技术合同登记机构负责技术合同文本和有关材料的审查和认定、办理技术合同的认定登记。

2018年，财政部、税务总局、科技部联合发布的《关于科技人员取得职务科技成果转化现金奖励有关个人所得税政策的通知》（财税〔2018〕58号）

将技术合同认定登记的规定明确为"在技术合同登记机构进行审核登记，并取得技术合同认定登记证明"，未再强调由省级以上科技部门认定登记。

笔者建议，对"财税〔2010〕111 号文"关于技术合同认定登记机构的相关规定予以调整，与"财税〔2018〕58 号文"等的规定保持一致，明确在依法设立的技术合同登记机构进行认定登记即可。

企业所得税优惠政策比较如表 7-6 所示。

表 7-6 企业所得税优惠政策比较

科技成果转化方式	税收政策	政策依据	适用范围	征管规定
科技成果转让	转让所得不超过 500 万元的部分，免征企业所得税；超过 500 万元的部分，减半征收企业所得税	《中华人民共和国企业所得税法》及其实施条例、"财税〔2010〕111 号文"	（1）科技成果必须取得知识产权保护；（2）不包括向直接或间接持有股权之和达到 100% 的关联方转让	办理技术合同认定登记、向主管税务机关办理减免税备案手续
科技成果许可	许可所得不超过 500 万元的部分，免征企业所得税；超过 500 万元的部分，减半征收企业所得税	"财税〔2010〕111 号文""国家税务总局公告 2015 年第 82 号文"	（1）科技成果必须取得知识产权保护；（2）许可年限 5 年以上（含 5 年）；（3）形式为全球独占许可和非独占许可，不包括再许可	办理技术合同认定登记、向主管税务机关办理减免税备案手续
科技成果作价投资	可于 5 年内分期缴纳或递延至股权转让时缴纳企业所得税；持有期间取得的投资收益免交企业所得税	"财税〔2014〕116 号文""财税〔2016〕101 号文"、《中华人民共和国企业所得税法》及其实施条例	（1）纳税主体实行查账征收；（2）科技成果必须取得知识产权保护	向主管税务机关备案
技术咨询、技术服务、技术培训	与科技成果转让密不可分的技术咨询、技术服务、技术培训，计入科技成果转让收入享受企业所得税优惠	"国税函〔2009〕212 号文""国家税务总局公告 2013 年第 62 号文"	（1）与科技成果转让密不可分；（2）在转让合同中约定；（3）与转让收入一并收取价款	办理技术合同认定登记、向主管税务机关办理减免税备案手续
研发费用加计扣除	参见本书 7.3.5.1	"财税〔2015〕119 号文""国家税务总局公告 2017 年第 40 号文""财税〔2018〕64 号文""国家税务总局公告 2021 年第 28 号文""财政部税务总局公告 2023 年第 7 号文"	参见本书 7.3.5.2	自行计算、如实申报，资料留存备查

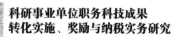
表7-6(续)

科技成果转化方式	税收政策	政策依据	适用范围	征管规定
加速折旧	参见本书7.3.6.1	"财税〔2012〕27号文""财税〔2014〕75号文""财税〔2015〕106号文""财税〔2018〕54号文""财政部 税务总局公告2021年第6号文"	参见本书7.3.6.1	自行计算、如实申报,资料留存备查
小微企业	应纳税所得额不超过300万元,减按25%计入应纳税所得额,按20%的税率缴纳企业所得税	"财政部 税务总局公告2022年第13号文""财政部 税务总局公告2023年第6号文""财政部 税务总局公告2023年第12号文"	(1)从事国家非限制和禁止行业;(2)年度应纳税所得额不超过300万元、从业人数不超过300人、资产总额不超过5 000万元	如实申报

注:相关税收优惠政策梳理至2023年8月31日。

7.4 增值税税收优惠

1999 年,财政部、国家税务总局发布《关于贯彻落实〈中共中央 国务院关于加强技术创新 发展高科技 实现产业化决定〉有关税收问题的通知》(财税字〔1999〕273 号),规定"对单位和个人从事技术转让、技术开发业务和与之相关的技术咨询、技术服务业务取得的收入,免征营业税。"

2013 年,随着"营改增"政策的试点推进,《财政部 税务总局关于在全国开展交通运输业和部分现代服务业营业税改征增值税试点税收政策的通知》(财税〔2013〕37 号)将研发和技术服务等现代服务业纳入增值税应税服务范畴。

7.4.1 科技成果转让、 许可、 技术开发及与之相关的技术咨询、 技术服务

7.4.1.1 政策内容

（1） 免征增值税。 "财税〔2013〕37 号文" 和 2016 年《财政部 税务总局关于全面推开营业税改征增值税试点的通知》（财税〔2016〕36 号） 明确规定， 纳税人提供技术转让、 技术开发和与之相关的技术咨询、 技术服务， 免征增值税。

技术转让是指转让专利技术或非专利技术的所有权或使用权的业务活动。这里的技术转让并不单纯是指转让科技成果所有权的行为， 科技成果转化行为中的科技成果转让和科技成果许可均包括在内。

技术开发是指就新技术、 新产品、 新工艺或新材料及其系统进行研究与试验开发的业务活动。

与技术转让、 技术开发相关的技术咨询、 技术服务是指转让方（受托方）根据技术转让或者开发合同的规定， 为帮助受让方（委托方） 掌握所转让（委托开发） 的技术， 而提供的技术咨询、 技术服务业务， 且这部分技术咨询、 技术服务的价款与技术转让或技术开发的价款应当在同一张发票上开具。

需要注意的是， 适用此免征增值税优惠政策的， 既包括已取得知识产权保护的专利技术， 也包括未取得知识产权保护的非专利技术。 这一规定相比于企业所得税优惠政策更加符合科技成果转化行为实际。

此外， 单位已办理免征增值税的收入对应的支出中， 取得的增值税专用发票的进项税额不能再进行抵扣， 需要和缴纳增值税的收入严格区分核算。

（2） 简易计税。 财政部、 国家税务总局《关于明确金融、 房地产开发、教育辅助服务等增值税政策的通知》（财税〔2016〕140 号） 规定： "非企业性单位中的一般纳税人提供的研发和技术服务、 信息技术服务、 鉴证咨询服务， 以及销售技术、 著作权等无形资产， 可以选择简易计税方法按照 3% 征收率计算缴纳增值税。 非企业性单位中的一般纳税人提供《营业税改征增值税试点过渡政策的规定》（财税〔2016〕36 号） 第一条第（二十六） 项中的'技术转让、 技术开发和与之相关的技术咨询、 技术服务'， 可以参照上述规定， 选择简易计税方法按照 3% 征收率计算缴纳增值税。"

也就是说， 非企业性科研机构、 高校提供的"技术转让、 技术开发和与

之相关的技术咨询、技术服务"，既可选择免征增值税，也可选择简易计税方法按照3%征收率缴纳增值税。

7.4.1.2 申报要求

"财税〔2016〕36号文"规定，试点纳税人申请免征增值税时，须持技术转让、开发的书面合同，到纳税人所在地省级科技主管部门进行认定，并持有关的书面合同和科技主管部门审核意见证明文件报主管税务机关备查。

7.4.2 作价投资

在"营改增"实施前，《财政部 国家税务总局关于股权转让有关营业税问题的通知》（财税〔2002〕191号）规定，"一、以无形资产、不动产投资入股，参与接受投资方利润分配，共同承担投资风险的行为，不征收营业税。二、对股权转让不征收营业税。"

2016年，"财税〔2016〕36号文"规定，增值税应税行为包括销售服务、无形资产或不动产。而科技成果作价投资取得股权、分红和后续的股权转让，是否属于增值税应税行为，需要根据"财税〔2016〕36号文"中销售服务、无形资产、不动产注释来判断。

7.4.2.1 取得股权

"财税〔2016〕36号文"和后续的增值税管理相关法规中，并未提及以科技成果作价投资取得股权的行为是否属于增值税应税行为。目前，有关科技成果作价投资取得股权是否缴纳增值税的讨论，大多将其视同"销售无形资产"，认为在作价投资取得股权的同时，让渡了科技成果的所有权，因此符合"技术转让"的定义，应适用"纳税人提供技术转让、技术开发和与之相关的技术咨询、技术服务免征增值税"条款，在取得股权时，无需缴纳增值税。

为证明此观点，部分讨论引用了科技部2001年出台的《技术合同认定规则》（国科发政字〔2001〕253号），其第六条规定："以技术入股方式订立的合同，可按技术转让合同认定登记。"

在实践中，以科技成果作价投资，取得股权时主管税务机关并未要求缴纳增值税。

7.4.2.2 取得分红

科技成果作价投资取得股权后，持有股权期间所取得的股息、红利等，不属于"财税〔2016〕36号文"规定的"销售服务、无形资产或者不动产"的任一项应税行为，科研机构和个人均无需缴纳增值税。

7.4.2.3 转让股权

（1）非上市公司股权。"财税〔2016〕36号文"中，销售无形资产中的无形资产是指技术、商标、著作权、商誉、自然资源使用权和其他权益性无形资产，并不包括非上市公司股权，因此转让科技成果作价投资取得的非上市公司股权不属于增值税应税行为，不论是单位或个人，均无需缴纳增值税。

（2）上市公司股票。如以科技成果作价投资的企业发展势头良好，已实现上市，此时转让上市公司股票，按照"财税〔2016〕36号文"的规定，属于金融商品转让中转让有价证券增值税应税行为。

个人转让上市公司股票，根据"财税〔2016〕36号文"附件3《营业税改征增值税试点过渡政策的规定》，个人从事金融商品转让业务免征增值税。

科研机构、高校转让上市公司股票，应按金融商品转让销售额和相应税率（一般纳税人税率6%）缴纳增值税。金融商品转让销售额＝卖出价－买入价。根据《国家税务总局关于营改增试点若干征管问题的公告》（国家税务总局公告2016年第53号）的规定，"公司首次公开发行股票并上市形成的限售股，以及上市首日至解禁日期间由上述股份孳生的送、转股，以该上市公司股票首次公开发行（IPO）的发行价为买入价"。

7.4.3 小规模纳税人

除上述与科技成果转化行为直接相关的增值税减免外，符合条件的科研机构、高校，还可享受小规模纳税人增值税优惠政策。

2018年，财政部、国家税务总局出台《关于统一增值税小规模纳税人标准的通知》（财税〔2018〕33号），明确增值税小规模纳税人标准为年应征增值税销售额500万元及以下。

登记为小规模纳税人的科研机构、高校，根据《关于增值税小规模纳税人减免增值税政策的公告》（财政部、税务总局公告2023年第19号）的规定，可享受以下增值税优惠政策（政策梳理截至2023年8月底）：

截至 2027 年 12 月 31 日，对月销售额 10 万元以下（含本级）的增值税小规模纳税人免征增值税。

截至 2027 年 12 月 31 日，增值税小规模纳税行为适用 3% 征收率的应税销售收入，减按 1% 征收率征收增值税；适用 3% 预征率的预交增值税项目，减按 1% 预征率预缴增值税。

7.4.4　问题和建议

关于科技成果投资取得股权是否属于增值税应税行为，当前增值税政策法规中并无明确规定。虽然部分专家学者认为科技成果作价投资取得股权环节因类似"有偿转让无形资产所有权"的性质，应视同技术转让，适用技术转让免征增值税政策，但是从科技成果转化角度，《中华人民共和国促进科技成果转化法》规定的"向他人转让该科技成果"和"以该科技成果作价投资，折算股份或者出资比例"是两种不同的转化行为；从企业所得税纳税角度，"非货币性资产投资"和"技术转让"是两种不同的应税行为；从增值税纳税角度，将"科技成果作价投资取得股权"和"技术转让"两种行为等同，可能造成混淆和误解。

笔者建议，相关部门应针对科技成果转化作价投资取得股权环节，明确免征增值税，与技术转让行为区分开来，在与《中华人民共和国促进科技成果转化法》和企业所得税应税行为划分保持一致的同时，避免广大纳税人产生理解歧义。

增值税优惠政策比较如表 7-7 所示。

表 7-7　增值税优惠政策比较

科技成果转化方式	税收政策	政策依据	适用范围	征管规定
科技成果转让、科技成果许可	免征增值税	"财税〔2016〕36 号文"	取得知识产权保护和未取得知识产权保护的科技成果	办理技术合同认定登记、向主管税务机关办理备案手续
技术开发	免征增值税	"财税〔2016〕36 号文"	符合技术开发定义	办理技术合同认定登记、向主管税务机关办理备案手续

表7-7(续)

科技成果转化方式	税收政策	政策依据	适用范围	征管规定
与科技成果转让、技术开发相关的技术咨询、技术服务	免征增值税	"财税〔2016〕36号文"	为帮助受让方（或委托方）掌握所转让（或委托开发）的技术而提供的技术咨询、技术服务，且与技术转让或者技术开发的价款在同一张发票上开具	办理技术合同认定登记、向主管税务机关办理备案手续
科技成果作价投资	作价投资取得股权时不缴纳增值税；取得分红时不缴纳增值税；单位和个人转让非上市公司股权时不缴纳增值税；个人转让上市公司股票免征增值税	"财税〔2016〕36号文"		不属于增值税应税行为
小规模纳税人	月销售额10万元以下（含本级）免征增值税；适用3%的征收率的应税销售收入减按1%征收；适用3%的预征率的预交增值税项目减按1%预缴	"财政部、税务总局公告2023年第19号文"	年应征增值税销售额500万元及以下	向主管税务机关办理登记

注：相关税收优惠政策梳理至2023年8月31日。

7.5 其他税种优惠

在科技成果转化涉及的众多税种中，企业所得税、增值税和个人所得税是享受优惠政策最主要的税种，其他部分税种也有相应的优惠政策。

根据《财政部 国家税务总局关于非营利性科研机构税收政策的通知》（财税〔2001〕5号）的规定，非营利性科研机构自用的房产、土地，免征房产税、城镇土地使用税。

根据《财政部 国家税务总局关于转制科研机构有关税收政策问题的通知》（财税〔2003〕137号）和《财政部 国家税务总局关于延长转制科研机构有关税收政策执行期限的通知》（财税〔2005〕14号）的规定，对经国务

院批准的原国家经贸委管理的 10 个国家局所属 242 个科研机构和建设部等 11
个部门（单位）所属 134 个科研机构中转为企业的科研机构和进入企业的科
研机构，从转制注册之日起，5 年内免征科研开发自用土地、房产的城镇土地
使用税、房产税和企业所得税。政策执行到期后，再延长 2 年期限。地方转
制科研机构可参照执行上述优惠政策。

根据《财政部 税务总局 科技部 教育部关于科技企业孵化器 大学科技
园和众创空间税收政策的通知》（财税〔2018〕120 号）和《财政部 税务总
局关于延长部分税收优惠政策执行期限的公告》的规定，自 2019 年 1 月 1 日
至 2023 年 12 月 31 日，对国家级、省级科技企业孵化器、大学科技园和国家
备案众创空间自用以及无偿或通过出租等方式提供给在孵对象使用的房产、
土地，免征房产税和城镇土地使用税；对其向在孵对象提供孵化服务取得的
收入，免征增值税。

总体而言，科技成果转化税收优惠政策进一步调动了广大科研机构的积
极性，在促进和加快科技成果转化为现实生产力方面发挥了积极作用。但税
收优惠并不是简单的免税或减税，而是有相应的适用范围、减免规则等。相
关人员需要深入研读、理解、把握，才能在科技成果转化纳税行为中正确享
受和运用税收优惠。现有科技成果转化税收优惠政策之间仍然存在适用主体、
优惠程度等的差异。例如，科技成果转让、科技成果许可和作价投资行为中，
企业所得税优惠政策适用于取得知识产权保护的科技成果，不适用于未取得
知识产权保护的科技成果；增值税优惠政策适用于所有科技成果，无论是否
取得知识产权保护。又如，个人所得税和企业所得税的差异，可能导致科技
人员和科研机构不同的选择。科技人员倾向科技成果作价投资取得股权，科
研机构倾向科技成果转让等。这些实践中的问题，需要从税收体系建设的角
度进一步系统筹划，保持税收优惠政策相对稳定的同时进一步优化、简化相
关政策，使广大纳税人切实感受到税收优惠政策不仅可用，而且实用、好用，
不断提升税收优惠促进科技成果转化的导向作用。

参考文献

[1] 陈成, 于海跃, 李芳芳, 等. 部属研究开发机构科技成果转化收益分配偏差分析及对策: 以自然资源部属研究开发机构为例 [J]. 科学管理研究, 2022 (6): 26-32.

[2] 陈远燕, 刘斯佳, 宋振瑜. 促进科技成果转化财税激励政策的国际借鉴与启示 [J]. 税务研究, 2019 (12): 54-59.

[3] 段俊国, 路雪婧, 邱航, 等. 职务科技成果权属混合所有制改革新模式探索 [J]. 中医眼耳鼻喉杂志, 2021 (4): 181-182, 187.

[4] 郭卫云. 协同创新视角下高校科技成果转化机制改革 [J]. 内蒙古科技与经济, 2021 (10): 21-22.

[5] 韩园园. 企业如何做好专利布局 [J]. 纯碱工业, 2022 (6): 43-45.

[6] 郝佳佳, 雷鸣, 钟冲. 高校职务科技成果权属混合所有制改革研究综述 [J]. 中国科技论坛, 2021 (4): 128-139.

[7] 胡晓桥, 李炎, 许东升, 等. 高校科技成果所有权权属改革的问题与对策 [J]. 北京经济管理职业学院学报, 2021 (3): 15-20.

[8] 李华. 科研单位科技成果转化中常见的财务问题解析 [J]. 财务与会计, 2021 (14): 36-39.

[9] 刘佳. 我国科技成果转化问题与对策研究: 以科研事业单位为例 [J]. 中国总会计师, 2023 (3): 82-85.

[10] 刘杰, 王胜华. 个人所得税促进科技创新: 作用路径与政策优化 [J]. 财政监督, 2023 (7): 77-83.

［11］刘友华，李扬帆.职务发明权属规则与成果赋权改革的协同路径研究［J］.湘潭大学学报（哲学社会科学版），2023（4）：44-52.

［12］刘运华.建设知识产权强国背景下的专利布局策略探讨［J］.中国科技论坛，2016（7）：43-47，72.

［13］全国人大常委会法制工作委员会社会法室.中华人民共和国促进科技成果转化法解读［M］.北京：中国法制出版社，2016：170-173.

［14］沈健.美国大学科技成果权属改革及其启示［J］.中国高校科技，2020（1）：57-60.

［15］吴寿仁，吴静以.科技成果转化若干热点问题解析（二十六）：基于个人所得税政策对科技成果产权激励改革的思考［J］.科技中国，2019（7）：73-77.

［16］吴寿仁.事业单位科研人员职务科技成果转化奖励有关问题解读［J］.国企，2021（9）：18-19.

［17］肖尤丹，刘鑫.我国科技成果权属改革的历史逻辑：从所有制、科技成果所有权到知识产权［J］.中国科学院院刊，2021（4）：464-474.

［18］负超，周其军.科技成果转化问题与对策研究：以安阳市为例［J］.安徽科技，2021（11）：29-32.

［19］赵梦瑶，银路.基于应用的专利布局模式及策略研究：以JY公司为例［J］.科技管理研究，2019（5）：130-135.

［20］朱明空，张娟，张玉军.《促进科技成果转化法》视域下科技成果转化收益分配问题研究［J］.农业科技管理，2019（4）：72-75.

附录

附件1 《国家知识产权局办公室关于印发专利转让许可合同模板及签订指引的通知》

国知办函运字〔2023〕502号

各省、自治区、直辖市和新疆生产建设兵团知识产权局，四川省知识产权服务促进中心，各地方有关中心：

为提供更加规范、便利、高效的专利权转让合同登记和专利实施许可合同备案服务，指导当事人更好防范法律风险、维护自身合法权益，促进专利转化实施，我局组织修订了《专利（申请）权转让合同（模板）及签订指引》和《专利实施许可合同（模板）及签订指引》，现印发给你们。请指导当事人结合实际情形，自主合理选择使用。使用过程中，如有相关意见建议，请及时反馈。

特此通知。

附件：1. 专利（申请）权转让合同（模板）及签订指引
2. 专利实施许可合同（模板）及签订指引

国家知识产权局办公室
2023年6月27日

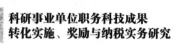

专利（申请）权转让合同

转让方 _____

通信地址 _____

受让方 _____

通信地址 _____

签订地点

签订日期 　　　　　年　　　月　　　日

有效期限至 　　　　　年　　　月　　　日

国家知识产权局监制

2023 年 6 月

前言（鉴于条款）

本专利（申请）权转让合同（"**本合同**"）由以下双方于＿＿＿年＿月＿日（"**签署日**"）在＿＿＿＿＿＿（"**签署地**"）签订：

转让方：＿＿＿＿＿＿＿＿＿＿＿＿＿＿＿＿＿＿（"**转让方**"）

通信地址：＿＿＿＿＿＿＿＿＿＿＿＿＿＿＿＿＿

邮政编码：＿＿＿＿＿＿＿＿＿＿＿＿＿＿＿＿＿

法定代表人：＿＿＿＿＿＿＿＿＿＿＿＿＿＿＿

联系人：＿＿＿＿＿＿＿＿＿＿＿＿＿＿＿＿＿＿

电话：＿＿＿＿＿＿＿＿＿＿＿＿＿＿＿＿＿＿＿

邮箱：＿＿＿＿＿＿＿＿＿＿＿＿＿＿＿＿＿＿＿

受让方：＿＿＿＿＿＿＿＿＿＿＿＿＿＿＿＿＿＿（"**受让方**"）

通信地址：＿＿＿＿＿＿＿＿＿＿＿＿＿＿＿＿＿

邮政编码：＿＿＿＿＿＿＿＿＿＿＿＿＿＿＿＿＿

法定代表人：＿＿＿＿＿＿＿＿＿＿＿＿＿＿＿

联系人：＿＿＿＿＿＿＿＿＿＿＿＿＿＿＿＿＿＿

电话：＿＿＿＿＿＿＿＿＿＿＿＿＿＿＿＿＿＿＿

邮箱：＿＿＿＿＿＿＿＿＿＿＿＿＿＿＿＿＿＿＿

转让方、受让方单独称"**一方**"，合称"**双方**"。

鉴于：

（1）转让方为标的专利（定义见第一条）的专利权人/专利申请人。

（2）受让方基于对标的专利的了解，希望获得该等标的专利的专利（申请）权。

（3）转让方同意将其拥有的标的专利的专利（申请）权转让给受让方。

＿＿＿＿＿＿＿＿＿＿＿＿＿＿＿＿＿＿＿＿＿＿＿＿＿＿＿＿＿＿＿＿＿

＿＿＿＿＿＿＿＿＿＿＿＿＿＿＿＿＿＿＿＿＿＿＿＿＿＿＿＿＿＿＿＿＿

经过平等协商，双方一致同意签订本合同如下：

第一条　名词和术语（定义条款）

在本合同中，除非双方另有书面约定，以下术语应具有如下含义：

1."本合同""签署日""签署地""转让方""受让方""一方"以及"双方"应具有前言所规定的含义。

2."标的专利"应具有本合同第二条所规定的含义。

3."交付资料""专利管理部门""验收标准"应具有本合同第三条所规定的含义。

4."技术服务""培训"应具有本合同第四条所规定的含义。

5."转让费""标的产品""净销售额""净利润额"应具有本合同第五条所规定的含义。

6."过渡期"应具有本合同第七条所规定的含义。

7."不可抗力事件"应具有本合同第十三条所规定的含义。

8."保密信息"应具有本合同第八条所规定的含义。

9.本合同项下的其他术语及其含义以附件一为准。

第二条　标的专利的专利（申请）权转让

1.本合同项下的标的专利（"标的专利"）以以下第____种方式确定（单选）：

（1）本合同项下的标的专利是指名称为_____的发明创造，其专利申请号为_____，公开（公告）号为_____。标的专利的专利类型为_____（外观设计专利/实用新型专利/发明专利）。标的专利的申请日为____年__月__日。截止至本合同签署日，标的专利的状态为_____（已取得授权/尚在申请中）。

（2）本合同项下的标的专利共____项，详见本合同附件二所示表格。

（3）_____

_____

_____

2.转让方同意向受让方转让标的专利的专利（申请）权，标的专利的专利（申请）权自转让登记之日转让给受让方。

3.标的专利的专利（申请）权转让登记

_____（转让方/受让方）应在_____日前向专利管理部门递交标的专利的专利（申请）权转让登记申请，并尽最大商业合理努力尽快完成标的专利的专利（申请）权转让登记。＿＿＿＿＿＿＿＿（转让方/受让方）应积极配合完成标的专利的专利（申请）权转让登记。

办理专利（申请）权转让登记所需费用（包括官费和中介机构的服务费）及相关税费应由＿＿＿＿＿＿＿＿＿＿＿＿＿（转让方单独/受让方单独/双方共同/……）承担。

第三条　交付资料

1. 交付资料的内容

转让方应当向受让方交付以下第＿＿项所示资料（"交付资料"）（可多选）：

（1）转让方向标的专利所涉及的专利行政管理部门（包括但不限于中国国家知识产权局，"专利管理部门"）递交的标的专利的全部专利申请文件原件（电子件），包括说明书、权利要求书、说明书附图、摘要及摘要附图、请求书、意见陈述书以及代理委托书等。

（2）所有专利管理部门发给转让方的所有涉及标的专利的文件原件，包括受理通知书、中间文件、授权决定、专利证书及副本、专利权评价报告等。

（3）转让方已许可他人实施标的专利的专利实施许可合同书，他人为实施开放许可发送给转让方的通知书，开放许可使用费支付凭证，转让方撤回开放许可的声明，以及与许可标的专利有关的其他文件。

（4）所有专利管理部门出具的关于标的专利专利权是否有效的证明文件原件（最近一次专利年费缴费凭证或专利管理部门的专利登记簿）；专利权无效请求中，专利管理部门作出的维持专利权有效的决定或宣告专利权无效的决定，人民法院作出的相关判决等。

（5）中国单位或个人向外国单位或个人转让专利申请权或专利权的，有关部门批准转让文件的原件。

（6）本合同附件三所示的交付资料。

（7）＿＿＿＿＿＿＿＿＿＿＿＿＿＿＿＿＿＿＿＿＿＿＿＿＿＿＿＿＿＿

＿＿＿＿＿＿＿＿＿＿＿＿＿＿＿＿＿＿＿＿＿＿＿＿＿＿＿＿＿＿＿＿＿＿＿

＿＿＿＿＿＿＿＿＿＿＿＿＿＿＿＿＿＿＿＿＿＿＿＿＿＿＿＿＿＿＿＿＿＿＿

2. 交付资料的交付

转让方应当根据以下第＿＿项的约定交付交付资料（单选）：

（1）转让方应在＿＿日前，在＿＿＿以＿＿＿＿＿＿方式，向受让方交付全部交付资料。

（2）交付资料的交付安排以双方在附件三中确认的流程为准。

（3）_____

_____

_____

3. 交付资料的验收

（1）受让方应在收到交付资料后的____日内_____（自行/委托具备相应资质的第三方机构）对交付资料进行验收，转让方应当予以积极配合。

（2）双方同意，交付资料的验收标准（"验收标准"）根据以下第____项的约定确定（单选）：

①在受让方使用的相关设备、材料、条件、工艺以及技术人员的能力、技术力量等均满足实施标的专利条件的前提下，技术资料应当确保受让方可以充分实施标的专利。

②技术资料应当符合附件三中约定的标准。

③_____

_____

_____

（3）经验收符合验收标准的，受让方应向转让方提供验收合格的书面凭证；若自受让方收到交付资料后的____日内，受让方未向转让方提供验收合格的书面凭证，也未向转让方发出验收不合格通知的，视为交付资料符合验收标准。受让方验收发现交付资料全部或部分不符合验收标准的，应按照以下第____项约定处理（单选）：

①受让方应及时通知转让方验收不合格及相关原因，转让方应在收到验收不合格的通知之日起____日内对该等验收不合格进行补救。一旦完成该等补救行动，转让方应将补救技术资料提交受让方再次验收，直至验收合格为止。

②受让方应及时通知转让方验收不合格及相关原因，转让方应在收到验收不合格的通知之日起____日内对该等验收不合格进行补救。一旦完成该等补救行动，转让方应将补救技术资料提交受让方再次验收，如第____次验收仍然不合格的，受让方有权终止本合同，同时转让方应返还受让方已支付的转让费并赔偿受让方因此遭受的损失。

③受让方有权终止本合同，同时转让方应返还受让方已支付的转让费并赔偿受让方因此遭受的损失。

④_____

_____

_____

与验收相关的所有费用由_____
（转让方单独/受让方单独/双方共同/……）承担。

第四条 技术服务与培训（选填）

1. 技术服务

转让方应根据本合同向受让方提供以下第_____项所示的技术服务（"技术服务"）（单选）：

（1）技术服务的内容以及提供方式以附件四为准。

（2）_____

_____

_____

2. 培训

转让方应根据本合同向受让方提供以下第____项所示的培训（"培训"）（单选）：

（1）培训的内容以及提供方式以附件四为准。

（2）_____

_____

_____

3. 转让方完成技术服务或培训后，双方共同签署验收证明文件。技术服务或培训过程中发生的各项费用由_____（转让方单独/受让方单独/双方共同/……）承担。

第五条 转让费及支付方式

1. 转让费及支付方式

作为取得本合同第二条所述标的专利的专利（申请）权的价款，受让方同意根据以下第_____项约定的付款方式支付转让费（"转让费"）（可多选）：

（1）固定费用支付。

受让方应当支付给转让方的固定费用共计（人民币/美元/……）＿＿＿＿＿（元/美元/……）（大写：＿＿＿＿＿＿＿＿＿），受让方应按照以下第＿＿种方式支付固定费用（单选）：

①一次性付款：截止至＿＿＿＿＿＿＿＿日前，受让方应向转让方支付全部转让费，即（人民币/美元/……）＿＿＿＿＿＿＿（元/美元/……）（大写：＿＿＿＿＿＿＿＿＿＿＿）。

②分期付款：

第一笔付款：截止至＿＿＿＿＿＿＿＿日前，受让方应向转让方支付转让费的＿＿＿%，即（人民币/美元/……）＿＿＿（元/美元/……）（大写：＿＿＿＿＿＿＿＿＿＿）。

第二笔付款：截止至＿＿＿＿＿＿＿＿日前，受让方应向转让方支付转让费的＿＿＿＿%，即（人民币/美元/……）＿＿＿（元/美元/……）（大写：＿＿＿＿＿＿＿＿＿＿）。

＿＿＿＿＿＿＿＿＿＿＿＿＿＿＿＿＿＿＿＿＿＿＿＿＿＿＿＿＿＿＿＿＿＿
＿＿＿＿＿＿＿＿＿＿＿＿＿＿＿＿＿＿＿＿＿＿＿＿＿＿＿＿＿＿＿＿＿＿
＿＿＿＿＿＿＿＿＿＿＿＿＿＿＿＿＿＿＿＿＿＿＿＿＿＿＿＿＿＿＿＿＿＿

最终付款：截止至＿＿＿＿＿＿＿＿日前，受让方应向转让方支付全部剩余转让费，即（人民币/美元/……）＿＿＿（元/美元/……）（大写：＿＿＿＿＿＿＿＿＿＿）。

（2）提成费用支付。

本合同所称的标的产品（"标的产品"）是指落入标的专利保护范围的产品。受让方应按照以下第＿＿种方式支付提成费用（单选）：

① 销售额提成费用：自标的产品首次销售发生之日起，受让方应在＿＿＿＿＿＿＿＿＿＿＿（每年/每六个月/每月/……）的最后一日前向转让方支付＿＿＿＿＿＿＿＿＿＿＿＿（当年/前六个月/当月/……）标的产品净销售额的＿＿%作为销售额提成费用。本合同所称的净销售额（"净销售额"）是指＿＿＿＿＿＿＿＿＿＿＿（受让方/……）在指定时间内通过真实公平的交易向第三方销售标的产品所获得的总金额（以合法合规开具的发票金额为准），扣除以下费用：包装费、运输费、税金、广告费以及符合法律法规要求的商业折扣、＿＿＿＿＿＿＿＿＿＿。

②利润额提成费用：自标的产品首次销售发生之日起，受让方应在＿＿＿＿＿＿＿＿＿＿＿＿（每年/每六个月/每月/……）的最后一日前向转让方支付＿＿＿＿

_____（当年/前六个月/当月/……）标的产品净利润额的____%作为利润额提成费用。本合同所称的净利润额（"净利润额"）是指 _____（受让方/……）在指定时间内通过真实公平的交易向第三方销售标的产品所获得的总金额（以合法合规开具的发票金额为准），扣除下述费用：包装费、运输费、税金、广告费以及符合法律法规要求的商业折扣，进一步扣除标的产品生产材料的进货成本、_____。

③ 入门费和_____（销售额/利润额）提成费用：截止全__ _____ 日前，受让方应先向转让方支付入门费（人民币/美元/……）____（元/美元/……）（大写：_____），随后依据上述第__种方式向转让方支付相应的提成费用。

④ _____

_____

_____

受让方应当保存详细、完整和准确的账目记录，包括财务账目、生产账目、运输账目等，确保转让方可对受让方提成费用支付义务的履行情况进行审计。在经转让方合理事先通知的情况下，受让方应当向转让方或转让方委派的代表或机构开放该等记录以供转让方审计。如果审计的结果表明受让方实际向转让方支付的提成费用少于受让方应支付的提成费用，转让方有权要求受让方支付相应差额，若该等差额超过受让方应当向转让方支付的提成费用的____%，则受让方还应当承担审计所产生的费用。

（3）其他费用支付形式

_____

_____

_____

2. 国际结算方式（选填）

由于本合同涉及跨境国际支付，双方一致同意按照_____（国际汇付/国际托收/国际信用证/国际保理）结算方式结算转让费，具体安排如下：

_____

_____

_____

3. 支付账号

受让方应当按照上述支付方式将转让费支付至转让方账号或以现金方式支付给转让方。转让方开户名称、开户银行和账号如下：

开户名称：_____

开户银行：_____

账号：_____

4. 涉及多个专利（申请）权人共有标的专利的专利（申请）权转让费用的分配方案，应按照以下第_____种方式确定（单选）：

（1）专利（申请）权人_____分配比例为____%；

专利（申请）权人_____分配比例为____%；

专利（申请）权人_____分配比例为____%。

_____

_____

（2）共有标的专利的专利（申请）权人通过自行协商方式，另行约定标的专利的专利（申请）权转让费用的分配方案。

（3）_____

_____

第六条　专利实施和实施许可的情况及处置办法

1. 在本合同生效前，转让方已经实施标的专利的，双方同意按照以下第____项所示规定处理（单选）：

（1）转让方应在本合同生效后立即停止实施标的专利。

（2）转让方仅可在本合同生效前已有的实施范围内实施标的专利。

（3）针对标的专利，受让方向转让方授予一项免许可费的普通实施许可，使转让方在本合同生效后有权继续实施标的专利。

（4）_____

_____

2. 对在本合同生效前，转让方已经许可他人实施标的专利的许可合同，双方同意按照以下第____项所示规定处理（单选）：

（1）本合同不影响在本合同生效前转让方与他人订立的关于标的专利的实施许可合同的效力。

（2）双方同意，且转让方陈述并保证已取得被许可方同意，转让方的权利义务关系在本合同生效后由受让方承受。

（3）转让方应在＿＿＿＿＿＿＿＿＿（本合同生效前/本合同生效之日后三十日内/……）终止全部许可他人实施标的专利的许可合同。

（4）＿＿＿＿＿＿＿＿＿＿＿＿＿＿＿＿＿＿＿＿＿＿＿＿＿＿＿＿
＿＿＿＿＿＿＿＿＿＿＿＿＿＿＿＿＿＿＿＿＿＿＿＿＿＿＿＿＿＿＿＿
＿＿＿＿＿＿＿＿＿＿＿＿＿＿＿＿＿＿＿＿＿＿＿＿＿＿＿＿＿＿＿＿

3. 本合同生效前，转让方就标的专利作出开放许可声明的，应在本合同生效后＿＿＿日内向专利管理部门提交撤回开放许可的声明，并在提交后＿＿＿日内通知受让方。

第七条　过渡期条款

针对每一项标的专利，自本合同生效后，至专利管理部门转让登记之日止（"过渡期"），转让方应维持标的专利的有效性，如办理专利年费、专利审查意见和无效请求的答辩以及无效诉讼的应诉，并且双方达成以下第＿＿＿项所示安排（可多选）：

（1）针对标的专利，转让方向受让方授予一项＿＿＿＿＿＿＿区域内、＿＿＿＿＿＿＿＿＿（可分许可的/不可分许可的）、＿＿＿＿＿＿＿＿（独占/排他/普通）许可，受让方有权以合适的方式自行利用和实施前述标的专利。

（2）针对过渡期内转让方向受让方授予前述许可所收取的许可费用，双方同意根据以下第＿＿＿项约定的方式处理（单选）：

① 受让方无需就过渡期内自行使用和实施前述标的专利向转让方支付许可费用。

② 由双方另行协商。

③＿＿＿＿＿＿＿＿＿＿＿＿＿＿＿＿＿＿＿＿＿＿＿＿＿＿＿＿＿＿＿
＿＿＿＿＿＿＿＿＿＿＿＿＿＿＿＿＿＿＿＿＿＿＿＿＿＿＿＿＿＿＿＿
＿＿＿＿＿＿＿＿＿＿＿＿＿＿＿＿＿＿＿＿＿＿＿＿＿＿＿＿＿＿＿＿

（3）维持标的专利有效性的一切费用（包括但不限于专利权维持的年费、行政审查意见和无效请求的答辩以及无效诉讼所产生的费用）由＿＿＿＿＿＿＿＿＿
＿＿＿＿＿＿＿＿＿＿＿＿＿＿＿＿（转让方单独/受让方单独/双方共同/……）承担。

（4）＿＿＿＿＿＿＿＿＿＿＿＿＿＿＿＿＿＿＿＿＿＿＿＿＿＿＿＿＿＿
＿＿＿＿＿＿＿＿＿＿＿＿＿＿＿＿＿＿＿＿＿＿＿＿＿＿＿＿＿＿＿＿
＿＿＿＿＿＿＿＿＿＿＿＿＿＿＿＿＿＿＿＿＿＿＿＿＿＿＿＿＿＿＿＿

第八条　保密条款

1. 本合同项下的保密信息（"保密信息"）以下第＿＿种方式确定（单选）：

（1）保密信息是指一方（以下简称"披露方"）以口头、书面或其他方式直接或间接向另一方（以下简称"接收方"）披露的所有信息；该等信息包括但不限于本合同各条款的具体内容、本合同的签署及履行情况（不包括经双方协商同意后通过专利（申请）权转让登记等方式所公开的信息）以及披露方所披露的技术资料和其他与财务、商业、业务、运营或技术相关的非公开信息。

保密信息不包括：

① 非因接收方的披露而为公众所知的信息；

② 在披露方披露以前，已为接收方正当知晓的信息；

③ 接收方从第三方处合法获取的信息，且不违反任何保密限制或保密义务；

④ 由接收方独立形成而未使用任何保密信息或者违反接收方在本合同项下任何义务的信息。

⑤＿＿＿＿＿＿＿＿＿＿＿＿＿＿＿＿＿＿＿＿＿＿＿＿＿＿＿＿＿＿＿
＿＿＿＿＿＿＿＿＿＿＿＿＿＿＿＿＿＿＿＿＿＿＿＿＿＿＿＿＿＿＿＿＿＿

（2）＿＿＿＿＿＿＿＿＿＿＿＿＿＿＿＿＿＿＿＿＿＿＿＿＿＿＿＿＿
＿＿＿＿＿＿＿＿＿＿＿＿＿＿＿＿＿＿＿＿＿＿＿＿＿＿＿＿＿＿＿＿＿＿

2. 除非获得披露方事先书面同意或本合同另有约定，（1）接收方应严守披露方的保密信息，并采取一切必要保密措施和保密制度予以保护；（2）接收方只能为履行本合同规定的其义务或行使本合同规定的其权利而使用任何该等保密信息；（3）接收方不得向任何接收方之外的第三方披露或泄露本合同项下的保密信息。

3. 接收方只能在履行本合同规定的其义务和行使本合同规定的其权利的必要范围内，向＿＿＿＿＿＿＿＿＿＿（关联方/雇员/董事/代理/承包商/咨询人/顾问/……）仅在需要知道的范围内披露披露方的保密信息，上述人员必须与接收方签订保密协议并遵守与本条规定相符的保密和不使用义务。

4. 本合同执行完毕或因故终止、变更的，接收方应立即将披露方的所有保密信息归还披露方或销毁，同时，接收方应向披露方提供由接收方授权代表签署的关于返还或销毁的书面证明。

5. 本保密条款的效力以以下第____种方式确定（单选）：

（1）本保密条款自本合同生效后_____日内有效。

（2）本保密条款在本合同执行完毕或终止后持续有效。

（3）＿＿＿＿＿＿＿＿＿＿＿＿＿＿＿＿＿＿＿＿＿＿＿＿＿＿＿

＿＿＿＿＿＿＿＿＿＿＿＿＿＿＿＿＿＿＿＿＿＿＿＿＿＿＿

第九条　陈述与保证

1. 转让方特此作出以下第____项所示的陈述与保证（可多选）：

（1）截至本合同签署日，转让方拥有转让标的专利或披露交付资料的完整权利。

（2）标的专利不附带将会影响或限制本合同项下的转让方转让的任何权利负担，且不存在与任何第三方签订的合同将影响或限制其在本合同项下的转让。

（3）转让方承诺本合同附件五所列的权利负担是标的专利在本合同签署日前的全部权利负担，并向受让方提供标的专利全部权利负担的证明文件。除本合同附件五所列权利负担外，标的专利不存在其他的任何许可、质押等权利负担。

（4）转让方并未收到有关任何主张、起诉、诉讼或法律程序的通知或威胁，并未知晓或有理由知晓任何信息，将会：（a）导致任何标的专利的任何权利要求无效或不可执行；或（b）导致标的专利中包括的任何专利申请的任何权利要求未能被授予或与其目前申请的范围相比受到严重限制或局限；（c）导致受让方根据本合同对标的专利的实施侵犯第三人的合法权利。

（5）本合同签署后，若第三方针对受让方实施标的专利提出任何侵权控诉，对于受让方在合理范围内要求转让方提供的协助，转让方应当予以配合，所导致的民事责任承担，由双方另行协商确定。

（6）＿＿＿＿＿＿＿＿＿＿＿＿＿＿＿＿＿＿＿＿＿＿＿＿＿＿＿

＿＿＿＿＿＿＿＿＿＿＿＿＿＿＿＿＿＿＿＿＿＿＿＿＿＿＿＿＿

＿＿＿＿＿＿＿＿＿＿＿＿＿＿＿＿＿＿＿＿＿＿＿＿＿＿＿

第十条　技术进出口（选填）

双方均已就本合同项下的标的专利的进出口管制情形尽到审慎调查义务，并承诺标的专利的专利（申请）权转让符合所有适用的技术进出口管制相关规定，并且已经取得必要的许可或授权（如适用）。

第十一条　专利权维权

转让方享有的对标的专利转让合同登记完成前发生的标的专利侵权行为进行维权的权利，在标的专利转让合同登记完成后由_____（转让方/受让方）享有。因维权而支出的费用由_____（转让方/受让方）承担，因维权而获得的收益由_____（转让方/受让方）享有。

在约定由受让方享有上述维权权利的情形下，对于受让方在合理范围内要求转让方提供的协助，转让方应当予以配合。

第十二条　专利权被宣告无效（或专利申请被驳回）的处理

1. 若标的专利权被生效的无效决定宣告全部无效，双方同意按照以下第____项所示规定处理（可多选）：

（1）关于转让费返还与否的处理。在本合同生效后，在专利权无效宣告请求审查决定书载明的决定日前，受让方已支付转让费的，如无明显违反公平原则，且转让方无恶意给受让方造成损失的，转让方不向受让方返还已支付的转让费，受让方也不返还本合同第三条所述的全部资料、支付未支付的转让费，否则，转让方应返还已支付的全部转让费，受让方应返还本合同第三条所述的全部资料且无需支付未支付的转让费。

（2）关于无效或诉讼的答辩及费用。他人向专利管理部门提出请求宣告标的专利的专利权无效，对该专利权宣告无效或对专利管理部门的决定不服向人民法院起诉时，如专利管理部门尚未登记转让专利，由转让方负责答辩，由此发生的请求或诉讼费用由（转让方单独/受让方单独/双方共同/……）承担，转让方如对授权权利要求进行删除或合并式修改，应在正式提交前取得受让方同意；如专利管理部门已经登记转让专利，则由受让方负责答辩，并承担由此发生的请求或诉讼费用，对于受让方在合理范围内要求转让方提供的协助，转让方应当予以配合。

（3）关于合同的履行。在已被宣告无效的该标的专利被重新判定为有效前，本合同停止履行，受让方停止支付费用。

（4）_____

_____

_____

2. 若转让方的专利申请被视为撤回或驳回，双方同意按照以下第____项
所示规定处理（可多选）：

（1）关于对视为撤回的答辩或对驳回的复审请求及费用。视为撤回通知
书或驳回决定发文日在过渡期内的，由转让方负责答辩，由此发生的费用，
包括官费和中介机构服务费，由（转让方单独/受让方单独/双方共同/……）
承担；视为撤回通知书或驳回决定发文日在过渡期后的，由受让方负责答辩，
并承担由此发生的费用，包括官费和中介机构服务费，对于受让方在合理范
围内要求转让方提供的协助，转让方应当予以配合。

（2）关于转让费返还与否的处理。在本合同生效后，转让方或受让方收
到视为撤回通知书或驳回决定前，受让方已支付转让费的，如无明显违反公
平原则，且转让方无恶意给受让方造成损失的，转让方不向受让方返还已支
付的转让费，受让方也不返还本合同第三条所述的全部资料、支付未支付的
转让费，否则，转让方应返还已支付的全部转让费，受让方应返还本合同第
三条所述的全部资料且无需支付未支付的转让费。

（3）关于合同的履行。在该专利申请被授予专利权前，本合同停止履行，
受让方停止支付费用。

（4）_____

第十三条　不可抗力

1. 本合同任何一方均无需因超出其合理预见、控制、克服或避免的原因
导致其违反或无法履行本合同项下的任何义务而承担责任，这些原因可能包
括禁运、战争、战争行为（无论是否宣战）、恐怖主义行为、叛乱、骚乱、内
乱、罢工、停工、流行性疫病或其他劳资纠纷、火灾、洪水、地震，或者其
他自然事件，或任何政府当局或另一方的作为、不作为或延误（"不可抗力
事件"）。

2. 当不可抗力事件发生，双方同意按照以下第____项所示规定处理（可
多选）：

（1）任一方在得知不可抗力事件后应立即向另一方发出通知，该等通知
包含不可抗力的细节、程度、影响以及_____等。

（2）任一方在得知不可抗力事件后应及时尽一切必要合理的努力采取适当措施减轻损失。

（3）若因不可抗力事件导致任一方无法按照本合同约定履行义务的，无法履行本合同义务的一方应向另一方提供关于合同不能履行的书面证明且该证明需要明确表明该一方确实不适合履行本合同。双方应友好协商在另行确认的时间继续履行本合同约定之内容。

（4）如果不可抗力事件致使违反或无法履行本合同项下的任何义务持续____日以上，则任何一方均有权终止本合同。对于不可抗力事件造成本合同的终止，任何一方均不向另一方承担任何责任。

（5）_____

_____

_____

第十四条　送达

本合同前言（鉴于条款）列明的通信地址、联系人等联系信息适用于双方往来联系、交付资料交付、书面文件送达及争议解决时法律文书送达。一方变更联系信息的，应当提前____日以书面形式通知另一方。

第十五条　违约与损害赔偿

1. 转让方未按照本合同第三条和第四条的约定向受让方交付资料和/或提供技术服务与培训，导致受让方无法实施标的专利，应当赔偿受让方因此遭受的损失，包括受让方实施标的专利可获得的利益。

2. 转让方在过渡期内未维持标的专利有效，导致专利（申请）权全部失去效力，受让方有权解除合同，并要求转让方返还全部转让费，并支付违约金_____（人民币/美元/……）。

3. 受让方未按照本合同约定足额按时支付转让费，应当补交转让费，并按照日息____和逾期天数支付转让方违约金。

4. 受让方违反合同的保密条款，致使转让方的保密信息泄露，应当赔偿转让方因此遭受的损失。

5. 任何一方未能履行其在本合同项下的其他义务，应当对守约方因此遭受的损失承担相应责任。

_____

_____

第十六条 税费

双方应当按照法律的规定，承担法律对其所规定的各项纳税义务。除非本合同另有约定，双方同意本合同项下产生的一切税费按照以下第____项所示规定处理（单选）：

（1）本合同项下产生的一切税费由_____（转让方/受让方/双方各自/……）承担。

（2）_____

_____

第十七条 争议解决

1. 双方同意按照以下第____项确定本合同所适用法律（单选）：

（1）本合同适用中华人民共和国法律。

（2）本合同属于涉外专利（申请）权转让合同，双方同意适用_____国/地区（本合同履行地/本合同签署地/某个中立国家或地区的法律/双方所在地法律……）法律。

2. 在履行本合同过程中发生争议的，双方应当友好协商解决。双方协商不成的，任何一方可采取以下第____种方式处理（单选）：

（1）向_____（转让方所在地/受让方所在地/本合同签署地/本合同履行地……）具有管辖权的人民法院提起诉讼；

（2）提请_____仲裁委员会仲裁。

（3）_____

_____

第十八条 合同的生效、变更与终止

1. 本合同自 _____（双方签字盖章之日/……）起生效。本合同一式____份，双方各持____份，另有一份用于专利（申请）权转让登记、一份用于技术合同认定登记，每份具有同等法律效力。

2. 本合同内容的任何修改或变更必须由双方书面签署同意。

3. 除本合同另有约定外，如果一方违反本合同约定的义务，另一方有权书面通知违约方要求其履行本合同约定的义务，并承担相应责任。如果违约方在收到书面通知日内仍未履行相关义务，那么守约方有权书面通知违约方

终止本合同。

4. 双方确认，本合同以及本合同中提及的任何文件组成了双方之间就本合同项下合作事项而达成的完整的合同，且本合同取代了双方在之前就该事项所达成的或存在于双方之间的所有口头或书面的安排、合同、草案、保证、陈述或谅解。

第十九条　其他

_____

_____

_____

（本页以下无正文，下接本合同附件及签署页）

（本页无正文，为《专利（申请）权转让合同》的签署页）

转让方签章　　　　　　　　　　受让方签章

转让方法定代表人签章　　　　　　受让方法定代表人签章

　　年　　月　　日　　　　　　　年　　月　　日

转让方	名称（或姓名）	（签章）		
	统一社会信用代码			
	法定代表人	（签章）	委托代理人	（签章）
	联系人			（签章）
	住 所（通信地址）			
	电 话		电 挂	
	开户银行			
	账 号		邮政编码	
受让方	名称（或姓名）	（签章）		
	统一社会信用代码			
	法定代表人	（签章）	委托代理人	（签章）
	联系人			（签章）
	住 所（通信地址）			
	电 话		电 挂	
	开户银行			
	账 号		邮政编码	
中介方	单位名称	（公章）年 月 日		
	法定代表人	（签章）	委托代理人	（签章）
	联系人			（签章）
	住 所（通信地址）			
	电 话		电 挂	
	开户银行			
	账 号		邮政编码	

合同附件一　补充名词和术语（略）

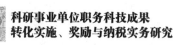
合同附件二　标的专利清单

专利名称	专利申请号	申请日	授权日	权利人	专利类型	当前法律状态

合同附件三　交付资料清单

交付资料	交付流程	验收标准

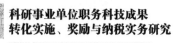

合同附件四　技术服务/培训清单

技术服务/培训内容	提供形式	验收标准

合同附件五 标的专利权利负担清单（略）

专利（申请）权转让合同签订指引

概述

《中华人民共和国专利法》第十条第一款规定："专利申请权和专利权可以转让。"《中华人民共和国民法典》第八百六十三条规定："技术转让合同包括专利权转让、专利申请权转让、技术秘密转让等合同。"专利转让合同和专利申请权转让合同是指合法拥有专利的权利人，将其现有的特定专利、专利申请的相关权利让与他人所订立的合同，是技术转让合同中重要的两类合同。《中华人民共和国民法典》第八百六十二条至第八百七十七条对技术转让合同和技术许可合同作了规定，是专利（申请）权转让合同签订的重要依据。

专利权转让合同的标的为已被合法授予的专利权，转让方为专利权人，转让发生在专利授权之后；专利申请权转让合同的标的为专利申请权，即申请人提出专利申请后对其专利申请享有的权利，转让方为专利申请人，转让发生在专利授权之前。

合同封面

合同需要列明合同双方必要的基本信息，包括名称和地址；需要填写合同本身的相关信息，包括签订地点、签订日期、有效期限等；对于专利权转让合同的有效期限，一般应当与标的专利的专利权有效期限（以孰后者为准）保持一致。若合同标的仅涉及一件专利，可以在封面明确合同的标的专利的相关信息，包括发明创造名称以及专利号/专利申请号，以便将合同的标的予以固定。

前言（鉴于条款）

鉴于条款需要简单介绍合同双方的合作背景，包括双方基于何种目的希望就本项目达成合作意愿。在模板基础上，当事人可以根据实际需要进一步进行补充，可考虑的内容包括但不限于标的专利的形成背景、标的专利的实施前景等。

第一条　名词和术语（定义条款）

定义条款需要对合同中出现的专有名词或术语进行定义，目的就是对这些术语的具体含义进行清楚界定，以避免合同双方在签订及后续履行合同的过程中出现理解上的分歧。通常而言，可能涉及定义的名词或术语包括"标的专利""标的产品""技术资料""技术服务"等。

第二条　标的专利的专利（申请）权转让

为保证合同效力，合同中应明确约定标的专利，避免使用"一切权利"等模糊约定，防止多重法律关系发生混同，从而保证双方权利义务关系清晰明确。在实践中，受让方对标的专利的实施，可能还依赖转让方的其他专利，由于该等专利未被纳入标的专利范围，则双方还可能就相关专利的许可事宜达成一致安排。在上述情形下，建议双方另行签署专利实施许可合同。

专利申请权或专利权的转让自国家知识产权局转让登记之日起生效，故受让方于转让登记之日起取得标的专利的所有权及其他相关权益。

由于专利（申请）权转让自登记公告后生效，故双方应对转让登记的办理进行约定，避免因各种原因而导致专利（申请）权转让延迟。例如，可约定由转让方在转让合同签署之日后 7 日内向专利管理部门递交标的专利的专利（申请）权转让登记申请，并对该转让登记申请尽最大商业合理努力。为避免疑义，双方还可对"最大商业合理努力"进行列举。此外，为确保双方的权利义务关系对等，另一方同样负有配合办理登记的义务。

需要注意的是，当标的专利处于质押状态时，办理转让手续需要取得质权人同意。《专利权质押登记办法》（国家知识产权局公告第 461 号）第十八条规定，专利权质押期间，出质人未提交质权人同意转让该专利权的证明材料的，国家知识产权局不予办理专利权转让登记手续。

第三条　交付资料

双方可根据具体情况，在签订专利（申请）权转让合同时，明确具体地规定相关资料的交付内容，特别是要注意判断仅交付合同所列举的专利文件和资料是否能够实现合同目的（尤其是在标的专利为发明或实用新型时，需考虑配方、工艺、图纸或相关技术秘密是否应当被列入交付内容，外观设计则通常不涉及技术秘密相关内容），同时要保证合同各条款有关交付范围的表述的一致性，避免条款之间的矛盾。如果仅转让部分份额的专利权，合同中应有明确的条款对份额进行约定，防止未来就专利归属发生争议。

《专利法实施细则》第八十九条规定，专利登记簿记载了专利权的授予；专利申请权、专利权的转移；专利权的质押、保全及其解除；专利实施许可合同的备案；专利权的无效宣告；专利权的终止；专利权的恢复；专利实施的强制许可；专利权人的姓名或者名称、国籍和地址的变更。《专利法实施细则》第一百一十八条规定，经国务院专利行政部门同意，任何人均可以查阅或者复制已经公布或者公告的专利申请的案卷和专利登记簿，并可以请求国务院专利行政部门出具专利登记簿副本。《专利法实施细则》第五十七条规定，任何单位或者个人可以查阅或者复制该专利权评价报告。

标的专利的法律状态是专利转让中需要核验的重要内容。一般来说，转让方会在合同中就标的专利的情况进行陈述和保证。但保证不应取代转让前的尽职调查。转让方向受让方交付资料的过程，同时也是受让方对标的专利的法律状态进行尽职调查的过程。由于法律状态由专利管理部门予以确认，因此，受让方除了查验转让方交付的资料，还应该直接通过向专利管理部门查阅专利登记簿等方式，确认标的专利的法律状态，充分了解标的专利曾经发生或正在发生的转让、许可、质押、保全、复审、无效宣告等各种情况。对于转让专利申请权来说，受让方可以通过专利管理部门已发出的审查意见通知书，判断其可能的授权前景。对于转让实用新型或外观设计专利权，受让方应当关注该标的专利是否已出具专利权评价报告，及报告关于该专利是否符合授权条件的具体意见。

双方在签订专利（申请）权转让合同时，要尽量在合同中对交付资料的交付时间（明确日期或明确的时间段）、地点和方式（纸质交付或其他形式）以及对附随的技术指导和服务（如果有）进行明确规定，避免模糊和歧义条款，从而防止未来发生争议。具体而言：

1. 交付时间

双方在专利（申请）权转让合同中可根据自身情况，约定于转让合同生效后的一定时间内（如7日内）交付全部资料，或以转让登记手续合格为分界，分批交付约定的资料。如双方未对交付资料的履行期限进行约定，按照合同有关条款与交易习惯亦无法确定的，可能会被法院认为不构成迟延履行，进而对一方权益产生影响。

2. 交付方式和地点

交付方式并不仅限于面交、快递与电子邮件，转让方与受让方可自行约定所有能够确认受让方收悉的交付方式。若合同中未约定技术资料的交付形式，法院一般会根据交付技术资料的真正用意，通过判断实际的交付形式是否使受让方顺利获取该项专利技术，来判断转让方是否履行了交付义务。双方可选择受让方所在地或其他约定的地点作为交付地点。

3. 交付资料的验收

受让方对交付资料的验收义务在实践中较为常见，其重点在于验收的期限与采取行动的期限。双方应首先考虑对前述期限自行约定，以避免因采"合理期限"的表述而产生的争议。受让方可以自行验收也可以委托独立第三方进行验收。对于验收不合格的情况，双方应约定此种情况下双方的权利义务，例如允许补救的次数、是否允许终止合同、验收费用的承担、验收报告的签署等。

第四条 技术服务与培训（选填）

很多情况下，受让方获得转让方的专利权或专利申请权及技术资料后，并不能立即独立实施该等技术，而仍然需要依靠转让方提供一定的人员培训和技术指导。因此，在转让合同中，受让方通常会对转让方提供技术协助的义务做出约定（通常而言，在标的专利为发明或实用新型时，需要技术服务或培训的可能性相对较高，在标的专利为外观设计时，相关需求相对较低）。为了避免可能存在的纠纷，转让方可以与受让方就相关技术服务与培训的提供方式、验收标准、费用等进行详细约定，其中，对于技术服务与培训的费用，倘若双方已经将其涵盖在转让费中，也就无需另设该种付款安排。

此外，受让方可能会要求转让方承担对技术协助结果的责任，例如约定转让方应当对受让方成功制造出标的产品或达到特定生产效率和质量作出承诺或保证。此种情况下，转让方应当尤其注意条款的措辞表述，在已充分合理履行自身义务的前提下，避免承担过多的责任。

第五条 转让费及支付方式

根据双方之间的商业安排以及标的专利范围的不同，转让费及支付方式会各有不同。转让费的支付方式通常为固定费用，包括一次性付款和分期付款。少数情况下，可能会涉及里程碑费用或者提成费用。具体如下：

1. 固定费用

固定费用根据其支付方式又可以细分为一次性付款和分期付款。

（1）一次性付款。一次性付款需要受让方能够一次性地将转让费结清，这对受让方的资金支付能力要求比较高。

（2）分期付款。分期付款可以将转让方与受让方的利益和风险密切结合在一起，有利于促进转让方更关心和更愿意协调受让方尽快掌握专利技术并投产，有利于减轻受让方的财务负担，对受让方提供一定的保护。

固定费用支付方式对受让方有利的一面在于受让方无需定期对其生产或销售情况向转让方进行报告,同时,也减少了因提交专利使用情况报告而带来的额外开支以及因转让方入场进行生产或销售情况审计而对其生产经营活动所带来的不利影响。

2. 提成费用

(1) 入门费。入门费一般会约定为固定的金额,在合同签署之日后的一定时间内支付,并且一般不会设置其他付款前提。根据标的专利的价值,入门费的金额也会有区别。

(2) 销售额提成。销售额提成是指当标的产品上市销售后,由受让方从其每月/半年/年净销售额中按照双方约定的一定比例向转让方支付不可退还的销售额提成。合同双方应当注意关于净销售额的定义,减少后续计算相关价款时出现争议的风险,对于销售主体、计入依据、扣减范围等事项,双方可在附件一等处另行达成约定予以明确。

由于销售提成的计算与净销售额紧密相关,因此转让方通常会要求对受让方的销售、库存等财务数据进行审计和查账。作为受让方,其拥有该标的产品的销售数据,有义务向转让方提供该销售数据,以及合理的支持材料,如第三方审计机构出具的报告。在转让方认为受让方提供的销售数据存在疑问时,其有权利要求受让方对其进行解释或提供更进一步的说明材料。有时,转让方也可自行委派第三方财务审计机构对该销售数据进行核实。如果审计结果与受让方出具的报告不符合,转让方还可以约定在审计不符合标准的情况下的处理方式。相应地,对产生的额外的审计费用,双方也应当在转让合同中明确约定。

(3) 利润额提成费用。与由受让方从净销售额中按照双方约定的一定比例向转让方支付转让费不同,利润额提成费用的计算基数为受让方标的产品的净利润额。对受让方来说,其通常希望将所有与标的产品相关的成本从实际销售价格中扣除,从而降低销售提成的计算基数,而转让方则希望对可扣除的成本范围予以限制。因此,合同双方应当注意关于净利润额的定义,减少后续计算相关价款时出现争议的风险,对于销售主体、计入依据、扣减范围等事项,双方可在附件一等处另行达成约定予以明确。

4. 国际结算方式

若该合同为跨境专利（申请）权转让合同，则须采用国际结算方式，常见有国际汇付、国际托收、国际信用证、国际保理等。国际汇付是由受让方主动将价款汇给转让方的结算方式，包括订货付现、见单付款、交单付现。国际托收是由转让方对受让方开立汇票，委托银行向受让方收取价款的结算方式。国际信用证是由开证银行根据开证人请求或自身需要，开给第三人（受益人）的一种在一定条件下保证付款的凭证。国际保理是指转让方根据应收账款发票和装运单据转让给保理商即可收取价款，由保理商承担受让方不付款或逾期付款责任的结算方式，包括有追索权的保理和无追索权的保理。

国际汇付和国际托收下银行不对价款给予任何担保，是否支付完全取决于买方信用，适用于双方合作关系良好的情形，较为便利；而国际信用证、国际保理下由银行或保理商承担买方违约的风险，更利于转让方。

第六条　专利实施和实施许可的情况及处置办法

鉴于专利实施和实施许可对受让方所获得的权益具有较大影响，双方应首先确认在转让合同生效前，是否存在转让方已经实施标的专利，或已经许可他人实施标的专利的情况。

针对转让方已经实施标的专利的情况，双方可约定转让方在合同生效后立即停止实施该专利，或作出另外约定，如在本合同生效前的范围内实施该专利等。受让方应根据需求与情况，与转让方谨慎谈判，避免因已经实施标的专利的范围不妥当而造成不利影响。此外，实践中（例如集团内部的专利转让中），可能存在双方同意由转让方在合同生效后继续实施标的专利的情形，上述情形实际上或构成受让方对转让方的专利实施许可，双方可就具体的许可时间、实施范围、许可费用等事项予以约定并在第六条第 1 款第（4）项中予以明确，或另行签署专利实施许可合同。

针对转让方已经向第三方授予标的专利的实施许可的情况，《最高人民法院关于审理技术合同纠纷案件适用法律若干问题的解释》第二十四条第二款规定："让与人与受让人订立的专利权、专利申请权转让合同，不影响在合同成立前让与人与他人订立的相关专利实施许可合同或者技术秘密转让合同的效力。"

因此，若双方均认可受让方在转让合同生效后亦不作为许可合同的当事人，仍维持由转让方与被许可方继续作为许可合同的双方享有相关权利并履行相关义务（例如提供非专利技术资料、提供人员支持、支付许可费用等），且转让方与第三方之前已经签署的授予标的专利的实施许可合同中亦无其他相反约定，则可选择适用第六条第 2 款第（1）项中的安排。

若双方同意，在转让合同生效后由受让方接替转让方作为许可合同的当事人承受相应权利义务，则根据《中华人民共和国民法典》第五百五十五条（当事人一方经对方同意，可以将自己在合同中的权利和义务一并转让给第三人），还应当就此取得许可合同的被许可方的同意（倘若转让方与第三方之前已经签署的授予标的专利的实施许可合同中并无相反内容）。

当然，双方也可以约定，转让方应当在本合同生效日前终止已经许可他人实施标的专利的许可合同，或其他双方认可的合法处理方式。受让方应当注意的是，转让方已经向第三方授予标的专利的实施许可的情况属于标的专利的权利负担，为保障受让方的相关权利，其应在本合同第九条第 1 款选择适用第（3）项为宜。

第七条　过渡期条款

由于专利（申请）权转让自国家知识产权局登记后生效，故自转让合同生效后至国家知识产权局登记之日间，专利（申请）权转让并未生效，此时即为过渡期，需对此期间的专利许可、专利维持义务、费用、责任承担等进行约定。

针对过渡期安排的条款，双方首先要注意维持专利有效性义务的主体和期限，避免己方承担过重的或者不合理的义务和责任。通常而言，转让方在过渡期内负责维持专利权或者专利申请的有效性，以顺利实现权利的转让；在登记公告之后，由于权利已经实际转移，专利有效性维持义务也应当转移给受让方。

在过渡期内，由于受让方还未实际获得专利权或专利申请权，若需提前使用该专利，转让方可以通过许可使用的形式来授权受让方使用，此时还需要明确许可形式（普通许可/独占许可/排他许可）以及许可地域、是否需要单独缴纳许可费用等。

第八条　保密条款

在专利（申请）权转让中，一方面，转让谈判历时长、参与人员众多（例如双方的关联方、雇员、董事、代理、承包商、咨询人和顾问等）、交流信息广泛，这些均使得在专利（申请）权转让谈判过程中披露的双方当事人的商业信息容易被泄露；另一方面，在专利（申请）权转让后，双方也会披露各类信息，如未公布的专利申请、技术资料和其他财务、商业、业务、运营或技术性质的信息和数据等，而这些信息一经泄露将会对信息持有人产生致命影响。因此，在转让合同中，双方应当就在转让谈判过程中和后续过程中所披露的何种信息为保密信息进行定义并明确双方的保密义务。

第九条　陈述与保证

陈述和保证条款一方面是为了确保转让方是标的专利的合法权利人，享有标的专利的完整权利；另一方面，也确保转让合同自生效后，即对双方具有约束力。因此，本条款是转让合同正常有效实施的基础，双方可据此结合实际情况，另行补充其认为必要的陈述和保证条款。

在陈述与保证条款中，一种可能出现的情况是受让方还会要求转让方保证受让方实施标的专利将不会侵犯任何第三方的权利，否则转让方应赔偿受让方由此而产生的损失，此类陈述保证对转让方的要求较高，当事双方应当结合专利的法律特性予以慎重考虑。实践中，若要求转让方作出"不侵权保证"，转让费往往也会相应较高。在转让方无法保证受让方实施标的专利不会侵犯任何第三方权利的情况下，双方可以根据具体情况，约定因实施标的专利而侵犯第三方权利时的具体责任承担和费用。

第十条　技术进出口管制（选填）

就技术进出口管制而言，《中华人民共和国技术进出口管理条例》第二条将专利（申请）权转让纳入规制范围，分为禁止进出口、限制进出口和自由进出口三类，应当注意区分不同类别的管理要求，防止因忽略行政强制性规定而出现合同无法履行等违约情形。

在专利（申请）权转让涉及技术在中国与其他国家/地区之间进行交流的情形中，除中国法律法规所设置的技术进出口管制规则外，还有可能涉及境外法律法规的技术进出口管制要求。双方应当结合转让项目的商业目的，对相应的权利义务（主要为确认、警示相对方技术进出口合规风险以及办理技术进出口行政手续义务）予以安排。

第十一条　专利权维权

对于专利（申请）权转让之前的侵权行为，受让方是否享有相应的诉讼权利，要看原权利人与现权利人在专利（申请）权转让过程中是否有明确约定，即转让合同中如果对转让前侵权行为的诉权也约定了转移，则受让方也可以受让对转让前的侵权行为的诉权。由此可见，转让方和受让方之间必须对诉权做出明确的转移约定，若无明确的转移约定，则未发生诉权的转让，受让方无权对转让之前的侵权行为提起诉讼。

第十二条　专利权被宣告无效（或专利申请被驳回）的处理

《专利法》第四十七条规定，宣告无效的专利权视为自始即不存在。宣告专利权无效的决定，对在宣告专利权无效前已经履行的专利权转让合同，不具有追溯力。但是因专利权人的恶意给他人造成的损失，应当给予赔偿。依照前款规定不返还专利权转让费，明显违反公平原则的，应当全部或者部分返还。根据上述规定，当专利权被宣告无效时，尚未履行或正在履行的专利转让合同应当立即停止履行，受让人可以停止支付有关费用。

专利权被宣告无效的纠纷常见情形包括当专利权被宣告无效时如何处理转让费产生的纠纷。在这种情况下，司法实践一般会根据转让合同中的相关约定对转让费进行处理。故为避免争议，双方应在转让合同中就专利权被宣告无效的情况如何处理已支付或未支付的转让费进行明确约定。双方可以约定返还全部转让费，也可以确定部分返还，还可以约定合同履行超过一定时期或受让方已经获得经济利益后、专利权才被宣告无效的，不予返还或少量返还。另外，关于应对无效宣告请求或诉讼的答辩及费用，双方也应该作出约定。需要注意的是，可能会出现无效决定宣告专利权的部分权利要求无效，部分权利要求有效的情形，建议对上述可能出现的情形约定清楚。

对于专利申请权转让合同，专利申请存在未授权的可能。相对于外观和实用新型，发明专利申请的审查更为严格，在专利申请权转让后，能否被授予专利权处于不确定状态。对于受让人来说，其目的就是通过受让专利申请权进而获得专利权，因此，在专利申请权转让合同中，对于未取得专利权的处理，双方需要予以明确约定。

《最高人民法院关于审理技术合同纠纷案件适用法律若干问题的解释》第二十三条规定："专利申请权转让合同当事人以专利申请被驳回或者被视为撤回为由请求解除合同，该事实发生在依照专利法第十条第三款的规定办理专利申请权转让登记之前的，人民法院应当予以支持；发生在转让登记之后的，不予支持，但当事人另有约定的除外。"根据该规定，对于专利申请被视为撤回或被驳回，双方可约定作为合同解除的条件；由于视为撤回或被驳回可以进行救济、还存在授权的可能性，也可以暂时不急于解除合同，而是约定对视为撤回进行答辩或对驳回决定进行复审请求，并对相关费用予以明确。

关于转让费返还与否的处理，可以约定全部返回转让费，也可以约定部分返回，还可以约定合同履行超过一定时期或受让方已经获得经济利益后、专利申请才被视为撤回或被驳回的，不予返还或少量返还。双方也可以在专利申请权转让合同中将支付方式约定为分期付款，约定受让方取得专利权之后，受让方再支付剩余款项，从而降低受让方的风险。

第十三条 不可抗力

不可抗力条款的作用在于免除双方在某些特定情形下的责任，双方需要对何为不可抗力、发生不可抗力情形之后合同的后续安排及责任损失分担方式、合同对于不可抗力发生后的通知形式是否有特殊要求，包括通知时限、通知的形式（例如应以书面形式等）、通知内容，以及如何及时减少损失、何时终止合同等作出明确约定。

第十四条 送达

考虑到专利（申请）权转让所涉及的技术资料可能较为复杂和专业，建议双方安排专门的联系人进行对接，以保证专利（申请）权转让的顺利完成。此外，约定送达条款也可以在双方发生纠纷时，避免双方对通知、资料的送达产生争议。

第十五条 违约与损害赔偿

转让方在履行转让合同的时候，可能会存在违约行为。通常而言，转让方常见的违约场景包括：未提供或未及时完整提供技术资料、技术服务、培训以及标的专利侵犯第三人的合法权利等。受让方在履行转让合同时，也可能会存在违约行为。通常而言，受让方常见的违约场景包括：未支付或未及时足额支付转让费以及违反合同的保密条款，致使转让方的保密信息泄露等。

针对上述违约行为，双方可以在转让合同中设置违约条款，要求违约方支付一定数额的违约金，并且亦可规定守约方在此种情况下享有终止合同的权利。但对于双方而言，此类违约行为的发生可能并非其有意为之，此种情形下，以受让方未支付转让费为例，如果受让方因此而需要停止生产或销售产品，对其可能会造成难以弥补的损失。因此，双方在合同中约定一个违约通知期，要求守约方在此种情况下应当向违约方进行通知，并允许违约方进行补救，只有违约方在通知期限内未采取任何补救行为的情况下，守约方才可以行使终止合同等权利。

除了约定违约金，当事人一方不履行合同义务或者履行不符合约定，造成对方损失的，也可以主张损害赔偿。根据《民法典》第五百八十四条，损失赔偿额应当相当于因违约所造成的损失，包括合同履行后可以获得的利益；但是，不得超过违约方订立合同时所能预见的因违约可能造成的损失。

第十六条 税费（选填）

在专利（申请）权转让合同中，关于当事人各方纳税义务等事项的条款，通常称"税费"条款。纳税主体如何纳税，应当由对纳税主体或纳税客体有管辖权国家的法律予以规定。交易的当事人作为纳税主体，以任何形式约定的纳税事项，都不能排除法律对其所规定的纳税义务。

然而，在专利（申请）权转让合同中却通常可以看到税费条款。之所以如此，原因主要在于：（1）当事人为了避免他们之间在税费事项上所可能产生的误解，要重申法律所规定的纳税义务；（2）虽然我国税法明确规定了各税种的纳税义务人，但是未明确禁止纳税义务人与合同相对人约定由纳税人以外的人负担税款，合同双方可以通过税费条款进行税款经济负担的约定。

第十七条 争议解决

争议解决条款应当明确转让合同所适用的法律和争议解决方式。

在适用法律方面，若专利（申请）权转让合同不涉及涉外因素，则统一适用中华人民共和国法律。若一方当事人为中国公民或法人，或转让行为发生在中国，一般应当适用中华人民共和国法律。若专利（申请）权转让合同调整的是涉外知识产权关系，则应当根据《中华人民共和国涉外民事关系法律适用法》第四十一条和第四十九条，由当事人在合同中协议选择知识产权转让适用的法律，常见的有合同履行地法律、合同签署地法律、某个中立国家或地区的法律、双方所在地法律等。

争议解决方式一般分为调解、诉讼和仲裁。双方如何选择争议解决方式，特别是诉讼和仲裁两种方式的选择上，需要综合考虑效率、灵活性、权利救济等多方面因素。

从效率方面考虑，双方发生纠纷一般都希望尽可能在短时间内解决，以避免投入更多的财力、时间成本。在这点上，仲裁比较占优势。首先，仲裁的受理和开庭程序相对简单，诉讼相对复杂；其次，仲裁实行一裁终局，裁决立即生效。诉讼实行两审终审，当事人不服一审判决的还可上诉，并且提起上诉程序仍需时间。

从权利救济方面考虑，仲裁是一裁终局，在快捷方便的同时，失去了二审的监督作用，当事人没有进一步主张权利的回旋余地（在法定情况下，当事人可以向法院申请撤销仲裁裁决）。相比而言，由于诉讼是两审终审，即便是发生了法律效力的判决，当事人还可以向上级法院申请再审，救济途径相对更广。此外，无论是采取仲裁还是采取诉讼的解决方式，在仲裁庭作出裁决前或法院作出判决前，当事人均可以先行调解。

第十八条　合同的生效、变更与终止

本条款的作用在于明确转让合同的生效时间，以及变更、修改、终止合同情形下所需满足的条件，为一般合同的基本条款。实践中，当事人可能会专门设置专利（申请）权转让合同的生效日期，若存在上述情况，则双方可在第十八条中另行约定。

第十九条　其他

前十八条没有包含，但需要特殊约定的内容，如其他特殊约定，包括出现不可预见的技术问题如何解决，出现不可预见的法律问题如何解决等。

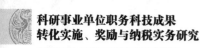

专利实施许可合同（模板）及签订指引（略）

附件 2 《中华人民共和国促进科技成果转化法》		附件 3 《实施〈中华人民共和国促进科技成果转化法〉若干规定》	
附件 4 《中共中央办公厅 国务院办公厅印发〈关于实行以增加知识价值为导向分配政策的若干意见〉》		附件 5 《教育部 科技部关于加强高等学校科技成果转移转化工作的若干意见》	
附件 6 《教育部办公厅关于进一步推动高校落实科技成果转化政策相关事项的通知》		附件 7 《中国科学院 科学技术部关于印发〈中国科学院关于新时期加快促进科技成果转移转化指导意见〉的通知》	
附件 8 《财政部 科技部关于研究开发机构和高等院校报送科技成果转化年度报告工作有关事项的通知》		附件 9 《科技部等九部门印发〈赋予科研人员职务科技成果所有权或长期使用权试点实施方案〉的通知》	
附件 10 《财政部关于〈国有资产评估项目备案管理办法〉的补充通知》		附件 11 《财政部关于进一步加大授权力度促进科技成果转化的通知》	

附件 12 《财政部 税务总局 科技部关于科技人员取得职务科技成果转化现金奖励有关个人所得税政策的通知》	附件 13 《国家税务总局关于科技人员取得职务科技成果转化现金奖励有关个人所得税征管问题的公告》
附件 14 《科技部 财政部 税务总局关于科技人员取得职务科技成果转化现金奖励信息公示办法的通知》	附件 15 《人力资源社会保障部 财政部 科技部关于事业单位科研人员职务科技成果转化现金奖励纳入绩效工资管理有关问题的通知》
附件 16 《中国证监会 科技部关于印发〈关于支持科技成果出资入股确认股权的指导意见〉的通知》	附件 17 《财政部 国家税务总局关于完善股权激励和技术入股有关所得税政策的通知》
附件 18 《关于全面推开营业税改征增值税试点的通知之附件三营业税改征增值税试点过渡政策的规定》	附件 19 《国家科技成果转化引导基金管理暂行办法》